# 雪と氷の図鑑

武田康男［文・写真］

草思社

# 第1部

## 水

### 目次

- はじめに …… 4
- 第1章 水面にできる水 ｜ 水には不思議な模様がある …… 8
- 第2章 水が流れてできる水 ｜ 様々な生成形 …… 17
- 第3章 凍えてくる水 ｜ 身近の水には不思議がいっぱい …… 25
- 第4章 降る水 ｜ 空からの水もいろいろ …… 32
- 第5章 つく水 ｜ どこにどうつくかは天気次第 …… 38
- 第6章 輝く水 ｜ 水はゆっくり動き、大地を削る …… 48

# 第2部

# 雪

59

第 7 章　降る雪 ｜ 天からの手紙を読もう ……… 60

第 8 章　雪面模様 ｜ 降った雪がつくっていく形 ……… 67

第 9 章　雪道 ｜ 雪に対応する雪国の交通常識 ……… 75

第 10 章　山の雪 ｜ 動いて、残って、さまざまな姿に ……… 83

第 11 章　雪害 ｜ 雪と関わる生活の大変さ ……… 90

第 12 章　富士山の12カ月 ｜ 印象は雪で変わる ……… 97

第 13 章　南極の不思議な雪と氷 ……… 102

column　世界の氷を見て ……… 58

column　さまざまな雪結晶はどこで見られるか ……… 107

# はじめに

　美しい雪結晶を見て、その美しさに惹かれたことがある人は多いでしょう。私も初めて雪結晶を見たときのことをよく覚えています。氷点下のスキー場で、空から手袋に降って来た結晶を見ると、6本の枝のついた完全に対称的な美しい形をしていて、とても神秘的でした。よく見ると、どれも少しずつ形が違っていました。

　その後、雲などの気象写真を撮影するようになると、志賀高原や奥日光などの本州各地の山で雪結晶を何度も見るようになりましたし、北海道大雪山では大きな美しい樹枝状結晶に出合いました。

　さらに、氷の現象も追い求めるようになり、諏訪湖の御神渡りが持ち上がるシーンや、茨城県久慈川を流れる輝くシャーベット状の氷、真冬にすべてが凍る滝などを見てきました。

　2008年には南極観測越冬隊員になり、南極の雪や氷を見ることができました。隊員としての仕事は大気中の二酸化炭素やメタンなどの濃度測定、空気のサンプリング、エアロゾル観測、雲の観測、雪氷の動態観測などでしたが、仕事のないときに雪結晶や周囲の氷を撮影しました。砕氷船から見る巨大な氷山、果てしなく凍った海、海にせり出した棚氷や氷河など、ス

ケールの大きな氷とともに、夜空から降る透明で美しい雪結晶や、地表にあるさまざまな霜や氷の模様を見ることができ、感動しました。

　本書は、このような雪と氷の美しさや不思議さを多くの方に知ってもらいたいと思い、書いたものです。科学的に見て、氷や雪はどんな存在なのでしょう。

　そもそも、地球上の氷や水はどのように分布しているのでしょう。地球上の水（液体、固体、気体を含めて）は、大部分が海の水となっていますが、次に多いのが氷です（図表0-1）。そして、氷の大部分は南極大陸上の氷（氷床や氷河）で、海に浮かぶ氷は微々たるものです（図表0-2）

　地球の極周辺に氷が多いのは、太陽の光が低い角度からしか当たらず、光が弱いためです。さらに、地球は自転軸（地軸）が23.4度傾いているため、極周辺（極圏）では冬にはしばらく太陽の光が当たらない期間（極夜）が訪れ、気温が下がり続けて、氷が増えます。

　気温が氷点下になると、水は凝固熱を出して氷になります。そしていったん氷になると、融けるためには融解熱が必要なため、気温がプラスになっても、すぐには水になりません。氷のこのような性質から、地球

全体で考えた場合、南極などの氷は、地球の冷凍庫の役割をしているといえます。寒さを保存し、急に暖かくなるのを和らげているのです。また、水は、液体の水から水蒸気（気体）になったり、氷（固体）になったりするときに熱の出入りがあり、このことが環境の急激な温度変化を緩和する機能を果たします（図表0-3）。

しかし、いまのように地球上に多くの氷があることは、地球の長い歴史の中で、そう頻繁にあったことではありません。恐竜が栄えた中生代などには、地球上に氷がほとんどなかったと考えられています。現在は比較的気温の低い氷河時代で、地球上にはたくさんの氷が存在しています。

そして宇宙に目を向ければ、マイナス270℃といわれる宇宙空間では、水は氷になります。火星の地下には氷があり、木星や土星の衛星などにも氷がたくさん存在します。遠くからやってくる彗星は、汚れた氷の塊です。地球上にある水も、元は宇宙からやってきた氷が多いかもしれません。このように水（氷）は、宇宙や地球で重要な存在なのです。

これまで私は、いろいろな気象の本などを出版してきましたが、雪や氷はそれらの本でもおまけのような

## 地球上に存在する水（氷、水蒸気を含む）

| | 単位：兆トン（×10$^{12}$トン） | ％ |
|---|---|---|
| 海 | 1,348,000 | 97.4 |
| 氷と雪 | 28,000 | 2.0 |
| 地下水 | 8,000 | 0.58 |
| 湖、河川 | 225 | 0.016 |
| 大気中（雲、霧、水蒸気など） | 13 | 0.0009 |

図表 0-1
地球上に存在する水
地球は水の惑星といわれ、水が液体で存在することが、生物が繁栄した大きな理由です。その水の大部分は海にあり、氷と雪は水全体の2％です。

## 地球上の氷

| | | 質量（単位：兆トン） | ％ |
|---|---|---|---|
| 氷床・氷河 | 南極大陸 | 25,000 | 89.3 |
| | グリーンランド | 2,400 | 8.6 |
| | その他 | 200 | 0.7 |
| 海 氷 | | 36 | 0.1 |
| 永久凍土 | | 360 | 1.3 |

図表 0-2
地球上の氷
地球上の氷のほとんどは、大陸上にある氷床と氷河です。全体の89％は南極大陸にあります。海に浮かぶ氷は全体の0.1％しかありません。

扱いでした。しかし、雪や氷をまとめた本をつくってみたいという気持ちがずっとありました。本屋には、気象の本がいろいろあっても、雪や氷に関するやさしい本は多くありません。また、雪や氷は身近にあるのに、学校教育などで学ぶ機会も少ないのです。

　この本では、雪や氷のさまざまな姿を、私がこれまで撮影してきた写真で紹介するとともに、少しの科学的説明と、現地で感じた雪や氷の世界を伝えています。実際にはさらに膨大な写真がありますが、項目や写真を厳選して、中学生から読めるようなわかりやすい説明にしました。

　この本で少しでも興味を持ったら、ぜひ、実際に雪や氷を観察しに野外に出て、実物を確かめてください。雪結晶も氷も、まったく同じものは二度と見ることはできません。土地ごとに、雪も氷も姿が違います。寒い土地ならではの、美しい雪と氷の世界をぜひ体験してください。ただし、自然は厳しいので、観察するときは天候やさまざまな危険に注意してください。

　雪や氷をたくさん見ていると、自然の多様さや複雑さとともに、地球環境の変化もだんだんと見えてきます。この美しい地球の雪と氷を、後世に残していきたいと思います。

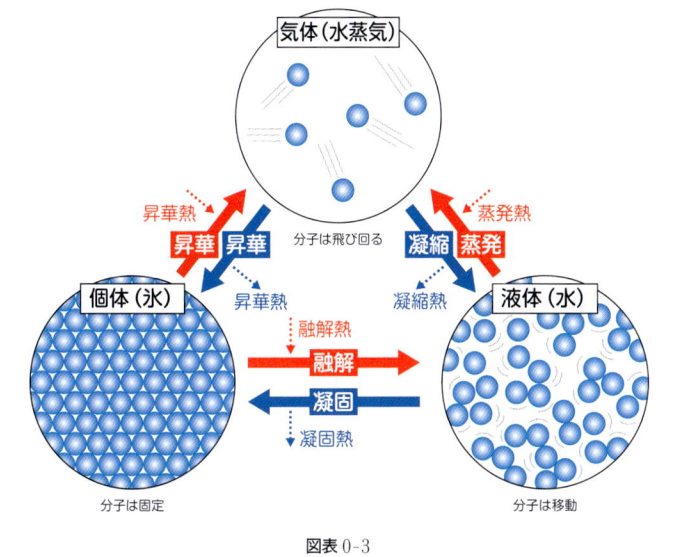

図表 0-3
物質の三態
物質は気体・液体・固体と、温度によってその状態を変化させます。その際、熱の出入りがあります。水は、水蒸気、水（液体）、氷と変化します。

2016 年 9 月
武 田 康 男

第 **1** 部

# 氷

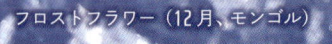
フロストフラワー（12月、モンゴル）

# 第1章 水面にできる氷

## | 氷には不思議な模様がある |

### 寒い朝は氷を探しに行こう

寒い冬の朝、前日の昼に水たまりだったところに行くと、表面にさまざまな氷が見られます（写真1-1）。表面に張った氷を割ると、パリパリという甲高い音がして、まるで薄いガラスのようです。凍る途中で水が減って氷が浮いていたり、氷が縞模様になっていることがあります。

池では、岸辺から池の真ん中に向かって氷ができていきます（写真1-2〜1-4）。伸びる枝のように、あるいは面状に、水の上を凹凸のある氷が成長します。氷がぶつかり合い、残った水面が盛り上がった氷も見られます。気温の変化や風の影響などで、池の氷の張り方は異なります。

### 「御神渡り」はどうしてできる？

湖が全面結氷したときは、ガラスのように表面が輝いたり、上が雪で覆われて真っ白な平原になります。しかし、氷の表面をよく見ると、凍るときにできた小さな凹凸がたくさんあります。気温によって氷の体積が変わるため、厚い氷に大きな亀裂が入ることもあります（写真1-5）。また、氷がまだ薄いときは、波が当たって音を立てて一気に細かく割れることもあります

（写真1-6）。

気温が最も下がる早朝には、夜中に氷が縮んでできた大きな亀裂の水面に薄い氷が張ります。朝に気温が上がって厚い氷が膨張すると、薄い氷が持ち上がって「御神渡り」ができることがあります（図表1-1、写真1-7〜1-8）。かすかに音を立てながら、ゆっくり氷が動きます。長野県諏訪湖のものが有名ですが、最近は暖冬でできにくくなっています。北海道の屈斜路湖などでも見られます。

流れる川の水は、なかなか凍りませんが、よどんだ岸や流れの弱い場所では氷ができます。川の表面を氷が流れていくのが見られることもあります。茨城県の久慈川では、冷えた冬の朝、シャーベット状の氷が次々と川面を流れていきます。これを「シガ」といいます（写真1-9〜1-10）。1cmに満たない小さな氷の粒の集まりが、朝日に当たって輝く姿は幻想的です。北海道の川でも見られるようです。

### バケツの氷の思いがけない美しさ

寒い日にバケツに水を入れると、水が凍るようすを身近に観察できます。バケツにできる氷の状態はいつも違います（写真1-11〜1-12）。氷の厚さを見るだけ

でなく、氷を持ち上げて、裏側も見てみましょう。表面はほとんど平らでも、裏側には不思議な模様ができていて、のこぎりや剣のような形の氷が、底の方に伸びていることもあります（写真1-13）。また、思いがけない不思議な模様が見られます。

　雪は、ひとつひとつが単独の氷の結晶になっていることが多いですが、水面の氷はたくさんの結晶の集合体です。そのため、表面に凹凸の模様ができやすく、力を加えると割れやすい方向もあります。氷の結晶がどのようになっているかは、融かして薄くした氷の両面に、偏光シート（または偏光板）を重ねると、色彩が現れるのでよくわかります（写真1-14）。カメラの偏光フィルターや偏光サングラスなどを使ってもよいでしょう。小さな結晶が密集していることもあれば、比較的大きな結晶ができていることがあります。

　水面の氷は、冬になると日本の各地で観察できます。気温の変化や風の状態など、いろいろな条件でどのように違うのか調べると面白いでしょう。デジタルカメラのインターバル撮影機能を使って、氷の成長を記録するのもよいでしょう。まるで生き物のように氷が動き成長するのを見ることができます。

寒さが続いて湖が全面結氷する

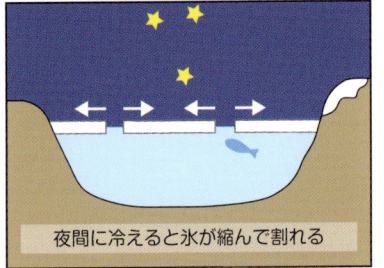

夜間に冷えると氷が縮んで割れる

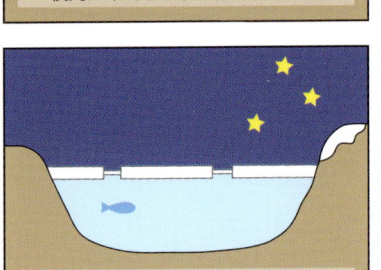

割れたところに薄い氷が張る

**図表1-1**
御神渡りのでき方

まず、湖が寒さで全面結氷します。夜間冷えて氷が縮むと、割れ目ができます。そこに薄い氷が張ったあと、日が昇って気温が上がると、氷が膨張し、薄い氷が持ち上げられます。

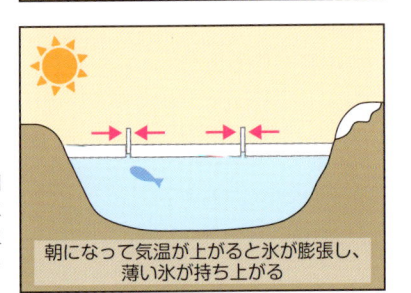

朝になって気温が上がると氷が膨張し、薄い氷が持ち上がる

第1章　水面にできる氷　　9

写真1-1
## 水たまりの氷 ［12月／茨城県茨城町］

乾燥している場所の水たまりの氷に、氷ができていくとき、だんだん水が減って水面が下がり、内側に向かって縞模様ができています。白いところは氷が水から浮かんでいて、割ると結構大きな音がします。

写真1-2
## 池の氷 ［1月／千葉県柏市］

浅い池に張った氷です。草から氷が成長したようで、草から放射状に伸びた氷がお互いにぶつかって、三角形を基本とした模様ができました。ちょうどよい角度から見ると、模様が立体的になっているのがわかりました。

**写真 1-3**

### 伸びていく沼の氷
[1月／千葉県柏市]

氷点下に冷えた朝、手賀沼の岸から氷が水面に伸びていました。氷はそれぞれが剣のような細長い形で、その間には凹凸のある氷の面ができています。右側の水面からは、水蒸気が水滴になって風に流されているのが見られます。

**写真 1-5**

### 割れる氷
[2月／山梨県山中湖村]

山中湖に広く張った氷に割れ目の模様がありました。氷は気温が下がると収縮するため、冷え込みでこの割れ目ができたようです。このときの割れ目には薄い氷が張っていました。表面の白い点は空気中の水蒸気からできた霜です。

**写真 1-4**

### 氷の幾何学模様
[1月／千葉県柏市]

写真1-3のように伸びていった氷がぶつかり合って、この不思議な模様が生まれました。氷の三角の部分は、凍らないで残った水面に、最後にできた氷が盛り上がってできたようです。朝の東の空の明るさで、模様を観察しました。

第1章 水面にできる氷　　11

### 写真1-7
## 諏訪湖の御神渡り ［2月／長野県諏訪市］

2004年に大きくできた御神渡りです。気温の下がった夜中に氷が大きく割れ、割れ目に薄くできた氷が、朝に気温が上がって膨張したまわりの氷に押されて盛り上がったもので、このときも音を立てて、かなりゆっくりと動いていました。

### 写真1-6
## 打ち上がった板氷
［1月／山梨県山中湖村］

山中湖の朝、一面に薄く張っていた氷が、音を立てて連鎖して割れ、その後にやってきた弱い波によって、たくさんの氷が流れて打ち上がりました。そして、氷の割れ目に逆さ富士がだんだん見えてきました。

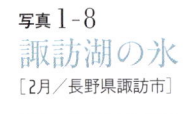

### 写真1-8
## 諏訪湖の氷
［2月／長野県諏訪市］

最近は冬の気温が上昇したため、諏訪湖が全面結氷することが少なく、御神渡りがあまりできなくなりました。この写真を撮影した2012年は、小さな氷の盛り上がりが見られ、このあと御神渡りとされました。

第1章 水面にできる氷　13

写真1-9
## 久慈川のシガ ［1月／茨城県大子町］

久慈川では寒い冬の朝、川面をシャーベット状の氷が流れる「シガ（氷花）」という現象が見られます。谷間をゆっくり流れる浅い川で、川底の大きな石などによって流れがよどんだところで、氷が生まれるのかもしれません。

写真1-10
## すくったシガ
［1月／茨城県大子町］

川を流れるシガの氷を手ですくい、服の上に置いてみました。数mm程度の大きさの氷の粒が、たくさん集まっているようです。氷点下に冷えた水が、何かのきっかけで凍ったように見えます。

## 写真 1-11
### バケツの氷 ［1月／千葉県柏市］

冬の冷えた朝、バケツの水には 1cm 程度の厚さの氷が張っていました。持ち上げて氷の裏を見ています。表面はやや凹凸のある滑らかな模様でしたが、裏面には氷の結晶に見られるような規則的な模様が、たくさん見られました。

## 写真 1-12
### 氷の規則的な模様
［12月／千葉県柏市］

この日、バケツにできた氷は、側面を下方に伸びる氷とともに、裏面には線状に規則的に並ぶ模様がありました。氷の厚さはあまり変わらなくても、裏面にできる模様は毎回違い、観察が楽しみになります。

第 1 章　水面にできる氷　　15

写真 1-13
#### 下に伸びた氷 ［1月／千葉県柏市］

見やすいように逆さに持ち上げていますが、
バケツの中で下方に伸びた氷です。10cm
程度もあるような巨大な結晶で、これが水
中にできていたと思うと不思議です。雪結
晶に近い感じもしますが、角が丸みを持っ
ています。

写真 1-14
#### 偏光シートで見た氷
［1月／千葉県柏市］

バケツにできた氷を、少し融かして薄くし、
その両側を偏光シートで挟んでみました。
すると、氷にさまざまな模様と色がつきま
した。ここでは3つの結晶がくっついて
いたこともわかります。それぞれの結晶の
内部にも丸い模様が並んでいます。

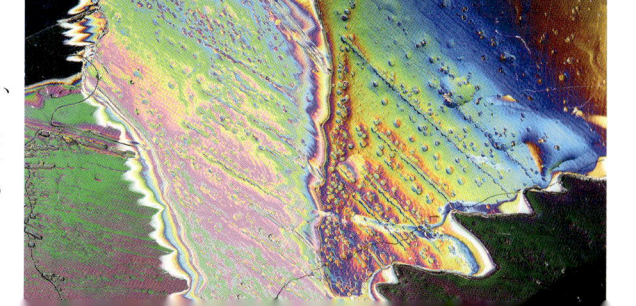

# 第2章 水が流れてできる氷
## |さまざまな立体造形|

### つららはなぜ、先が細いのか？

流れる水がつくる氷の姿は、実に多彩で、芸術的な形も多く見られます。冬の日本では、各地で不思議な形の氷を見ることができます。

その中でも、もっともよく見られるのが「つらら」です（写真2-1）。雪が積もった屋根からたくさんぶら下がったつららは、雪国では日常的な光景です。つららは、空き家よりも人が住んでいる家にできやすいことを知っていますか？　暖房の熱で屋根の雪が融けやすいからです。屋根からの水が軒先で落ちようとするとき、氷点下の空気に触れて凍ることでつららができます。最初にできた小さな氷の外側を、水が下りながら凍り、氷が伸びていきます。根元の方は太くなり、成長中の先端は氷がストローのようになっていて、水滴がぶら下がっています。気温が下がると、そのまま凍ります。（図表2-1）。

つららは、地層から湧き出た水によってもでき、透き通っていてきれいです（写真2-2〜2-3）。

つららができる途中に風を受けると、風圧で傾斜します。また、屋根の雪がすべり落ちながらできるつららは、その動きで斜めになっていることもあります。つららにたくさんのこぶのような模様ができることがあります。

滝のまわりの水しぶきによっても、周囲につららができることがありますが、滝全体が上から下まで凍ったものを、氷瀑（ひょうばく）といいます（写真2-4）。氷瀑のまわりには、さまざまな形の氷が存在します。

洞窟の中などで、滴り落ちる水が、地面から真上に伸びて、凍っていくことがあります。これを氷筍（ひょうじゅん）といい、タケノコのような形もあれば、円錐や円柱状の形もあり、上端で成長します（写真2-5）。氷筍は条件がそろわないとできませんが、内部に大きな結晶ができていることも多く、透明感があります。つららの下にできることがあります。

### 美しく不思議な形の「しぶき氷」

冬にまだ凍っていない湖の上を、氷点下の気温の風が強く吹くと、水しぶきが周囲の物体に凍りつきます。これをしぶき氷（しぶき着氷）と言います（写真2-6〜2-10）。おだやかな波によって、透明な小さな氷ができることもあれば、高さ1m以上の場所に、真っ白なつらら状にできていることもあります。つらら状のしぶき氷は、強風によって曲がることもよくあります。また、水を被った樹木が、氷の膜で真っ白に覆われて

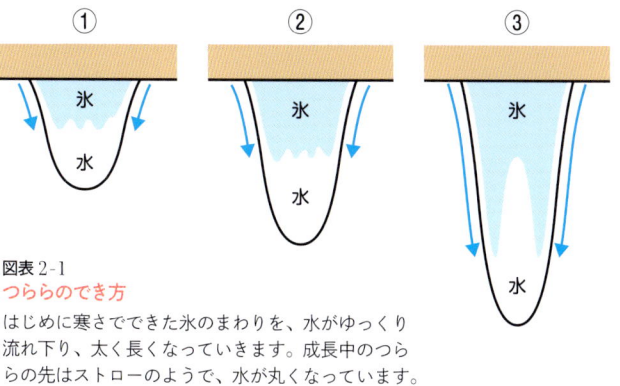

**図表 2-1**
**つららのでき方**
はじめに寒さでできた氷のまわりを、水がゆっくり流れ下り、太く長くなっていきます。成長中のつららの先はストローのようで、水が丸くなっています。もっと寒くなるとすべて氷になります。

いることがあります。氷は固くて重いので、小さな木は倒れてしまいます。しぶき氷は、福島県の猪苗代湖で大きなものが見られますが、栃木県の中禅寺湖で観察しやすいです。海でも、海岸や船にしぶき氷がつくことがあります。

　川からの水しぶきでも、気温が氷点下なら、周囲に小さな氷の塊がたくさんできることがあります（写真2-11）。滝の周囲にも、水しぶきによって、へばりついた氷、盛り上がった氷、クラゲのような形の氷など、いろいろな形の氷を見ることがあります。

## 深い湖が凍りにくい理由

　水は、温度が4℃のときに最も重くなる（密度が最大になる）性質があります。このため、冬になって湖が冷えるとき、湖全体の水温が4℃になるまでは上下の循環が起こります。湖全体が4℃以下になるまでは、気温がかなり低くても、表面で冷やされた水は底の方に沈んでしまいます。深い湖では全体が4℃になるのに時間がかかるので、なかなか凍りません。その状態

で気温が氷点下のとき、湖の周囲にはたくさんのしぶき氷ができ、風や波の状態によってさまざまな形になります（写真2-12～2-13）。湖水の温度が4℃になると、水の循環が止まり、表面付近だけが冷やされて、表面温度が0℃となって、氷が張り出します。氷が張った湖も、下の方の水温は4℃なので、魚などの生き物が生活できます。氷に穴を開けて釣りをすることができます。

**写真2-1**

## 屋根のつらら

［1月／栃木県日光市］

人の住む木造の建物では、暖房の熱が屋根にも伝わり、屋根の上の雪が融けて流れ、つららができることがよくあります。外側を新たに水が流れて凍ると、長く太っていきます。その際、波のような模様ができることもあります。

**写真2-2**

## 湧き水のつらら

［1月／埼玉県秩父市］

地中からしみ出てきた水は、氷点下の気温によって、凍ってつららとなります。湧き水はきれいなので、つららもたいてい透き通っています。水の出やすい地層に沿ってつららが並びますが、落ちてきた水によってできるものもあります。

**写真2-3**

## 洞窟のつらら

［3月／山梨県富士河口湖町］

洞窟の中につららができるのは珍しいことです。洞窟の中はふつうその土地の年間平均気温に近く、冬でも暖かいからです。富士山の近くでは、溶岩内を流れる水が、洞窟内で凍っていることがあり、こうしたつららも見られます。透明で表面がなめらかです。

第2章　水が流れてできる氷　　19

写真 2-4
氷瀑 [2月／栃木県日光市]

ふだんは水しぶきを上げて落ちる滝の水も、厳冬期にはすべてが凍っていました。冬になると、滝はしぶきが当たる周辺部から凍ります。滝の本体まで凍ると、まわりを流れる水によってさらに太くなったようです。

写真 2-6
透明なしぶき氷
[2月／山梨県山中湖村]

山中湖畔に置いてあったボートにできた、たくさんのつらら状のしぶき氷です。これは、風のやや強いときに、湖の水が跳ねてボートにつき、その水が滴るときに凍ってできたものです。直接ついた水も凍ったので、途中から太っています。

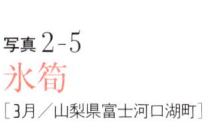

写真 2-5
氷筍
[3月／山梨県富士河口湖町]

洞窟内で天井から滴る水によって、下から成長した氷です。筍（たけのこ）のようなので、氷筍といいます。つららと違い、先が丸い不思議な形をしています。ゆっくり凍るので、大きな結晶になっているものもあります。

写真2-7
### 白いしぶき氷
[2月／栃木県日光市]

水面から2〜3mの高さの枝に、たくさんの白い氷がつららになってついていました。中禅寺湖を吹いて来た冬の強い季節風によって、水しぶきがかかってできたものです。白いのは、氷の中に泡がたくさん入っているためです。

写真2-8
### 斜めのしぶき氷
[1月／栃木県日光市]

手すりにできたしぶき氷は、つらら状で傾斜しています。それだけ風が強かったことを示しています。湖が凍ったらしぶきが上がらず、しぶき氷もできませんが、中禅寺湖は深くて凍らないため、冬の間、しばしば見られます。

写真2-9
### 樹木を覆うしぶき氷 [2月／栃木県日光市]

中禅寺湖から飛んできた水しぶきが凍り、真っ白な皮のように樹木を覆いました。つやつやしているのは、風がかなり強かった証拠です。これだけ激しいのはふつうありません。もしこの場所に、車や建物があったらたいへんです。

**写真 2-10**

## 草についたしぶき氷
［11月／北海道足寄町］

秋の終わりのオンネトー湖は、気温が氷点下に下がり、水面に出ている草に不思議な氷がついていました。小さな波がやってくるたびに、円盤状の氷が成長したようです。朝日が当たってキラキラと輝いていました。

**写真 2-11**

## 小川のしぶき氷 ［3月／新潟県湯沢町］

春の小川に雪融け水が流れていました。でも、朝はまだ氷点下で、しぶきが草について凍っていました。氷は重く、せっかく伸びてきた草には災難ですが、日が当たると氷は融けていきます。

第2章　水が流れてできる氷　23

写真2-12
## バイカル湖畔の
## しぶき氷
[12月／ロシア・バイカル湖]

気温は氷点下10℃以下ですが、
世界一深いバイカル湖は、冬
になってもなかなか凍りませ
ん。そのため岸には水しぶき
が凍ったものがたくさんあり
ます。小石を覆っていました。

写真2-13
## バイカル湖の
## 石のしぶき氷
[12月／ロシア・バイカル湖]

バイカル湖畔の大きな石に、
不思議な模様のしぶき氷がで
きていました。段々畑のよう
な模様がおもしろいです。湖
畔はしぶき氷が多く、とても
滑りやすくなっていました。

# 第3章 生えてくる氷

## | 伸びる氷には不思議がいっぱい |

### 霜柱はどのようにできるか

生えてくる氷とは、地中から地面の上に伸びてくる氷のことです。これには、よく見ると不思議なことがたくさんあります。

冬の朝には、霜柱がよく見られます（写真3-1〜3-4）。よく見ると、霜柱は細長い氷が柱状にたくさん集まったものであることがわかります。白く見えるところは、たくさんの小さな泡が入っています。

氷点下になった空気（ふつう気温というのは高さ1.5 mで測りますが、ここでは地面付近のことです）に触れて、地面の水分が凍ります。すると、その氷に向かって地中から水分が上がっていき、凍りつきます。地中は0℃以上と暖かいので、土の粒の間を水が次々と上がってきては、霜柱に下側から凍りついていきます（図表3-1）。このため、霜柱はどんどん上へ伸びます。このとき、霜柱の上に表面の土が少し乗っているので、地面が上がって見えることがあります。また、土の粒の間にできた氷は細長く成長し、水と一緒に出てきた空気が泡となって、霜柱の氷の中に閉じ込められていきます。

土の粒の間から水が次々と上がってくるような状態でないと、霜柱は成長できません。例えば、砂、粘土や小石からできた地面や、地中が乾燥した場所、寒すぎて地中が凍っている場所（凍土）では、霜柱ができません。関東平野に広がる関東ローム層は、土の粒子がちょうどよく、水分をよく蓄え、冬の朝の気温が氷点下になりやすいため、霜柱ができるのに適した環境なのです。霜柱にはけっこう力があり、どんぐりや小石も簡単に持ち上げます（写真3-5）。地面が霜柱でめくれたように盛り上がっていることがあり、人が載っても簡単に崩れないこともあります（写真3-6）。

### 永久凍土の不思議

霜柱ができない凍土で、地中が2年間以上0℃以下の土地を永久凍土といいます。地面の下は地熱のため、基本的に温度が上がるので、深くまで凍ることは難しいのですが、シベリアのように非常に寒い地域では、凍土が1500 mより深くに達するところもあります。永久凍土はアラスカ、カナダ北部などにも広がっています。永久凍土の上にも森林が広がっていますが、近年の地球温暖化などにより、一部で永久凍土が融けはじめ、池が生まれる状況も見られます。そこでは、森林が枯れてしまい、地中からメタンガスが排出されているという報告もあります。

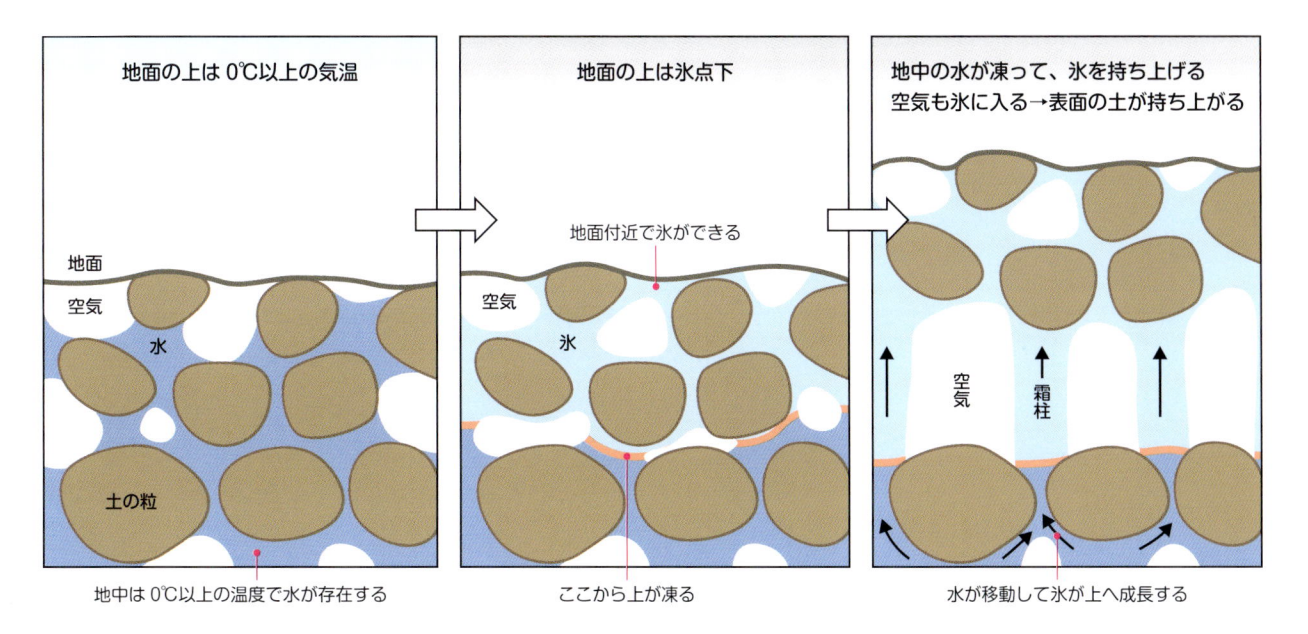

図表3-1
霜柱のでき方
土の表面が氷点下の寒さで凍ると、地中から水が移動して、氷がどんどん上へ
成長します。土の中の空気も、氷と一緒に上がっていきます。

## 氷の花が咲く植物「シモバシラ」

ところで、「シモバシラ」という植物があるのを知っているでしょうか。名前の由来となったのは、その枯れた茎から霜柱のような氷が出るからです。東京都の高尾山のものが有名で、冬のはじめに気温が氷点下になった頃、登山道わきのあちこちで「シモバシラ」からの白い氷の花が見られます（写真3-7～3-11）。この植物はシソ科の多年草で、地中の根から吸い上げた水が、割れた茎から氷となって出てきます。霜柱の成長と同じように、次々と茎から氷が伸びますが、この氷は曲がる傾向があり、ミズバショウのような美しい曲面を持った姿になります。光を反射させると、絹の光沢のように輝きます。しかし、太陽が出てきて気温が上がると、ゆっくり融けていきます。朝10時頃にはだんだんなくなってしまうことが多く、朝早く登山しないと見られません。気温などによって、日に日に見られる場所が変わり、冬本番になると終わってしまいます。山梨県など、ほかの地域でも見かけます。

**写真3-1**

## 都心の霜柱

［12月／東京都江東区］

冬の寒い朝、東京都の埋め
立て地の緑道にできた霜柱
です。都心では土が露出し
た地面が少なくなってしま
いましたが、関東南部は積
雪がないため、冬の朝に
0℃近くまで下がれば霜柱
がよく現れます。

**写真3-2**

## 関東平野の霜柱 ［1月／千葉県柏市］

関東平野は、箱根山や富士山などを起源
とする火山灰（関東ローム層）が地表に
たくさんあります。雨のあとの保水もい
いので、寒い朝には霜柱ができやすいの
です。表面の土や落ち葉が霜柱に持ち上
げられています。

第3章 生えてくる氷　27

**写真 3-3**

## 霜柱のでき方 ［1月／千葉県柏市］

きれいに伸びた霜柱を持ち上げました。霜柱
は地中の水分が下から凍って、上へ伸びたも
のです。下の方が新しい氷です。横に走る縞
模様は成長が一様でなかったことを示してい
ます。内部には気泡の列が縦に並んでいます。

**写真 3-4**

## 霜柱の断面 ［1月／千葉県柏市］

霜柱は氷ですが、さほど重く感じません。
断面を見たら、たくさんの穴が空いていま
した。白く輝いているのも、空洞があるた
めです。左側は、太陽光の屈折でさまざま
な色がついています。

写真 3-5
## どんぐりを
## 持ち上げる霜柱
［1月／千葉県柏市］

どんぐりを持ち上げていた霜柱を、どんぐりごとそっと持ち上げました。細い霜柱でも、かなりの力があります。小石を持ち上げることもあります。

写真 3-6
## 地面を持ち上げる霜柱
［1月／東京都八王子市］

中央に霜柱が見えています。冬の朝、土が広範囲で盛り上がっているのは、内部に霜柱ができているためです。大規模になると、凍上（とうじょう）といい、線路なども持ち上がります。

写真 3-7
### シモバシラがつくる氷の花
［1月／東京都八王子市］

シモバシラというシソ科の植物が
高尾山などにたくさん自生し、冬
のはじめになると、地中の水分を
吸い上げて、数 cm 程度のすじ模
様のある氷の花をつくります。

写真 3-8
### 光沢のある氷の花
［1月／東京都八王子市］

太陽光が当たった氷の花は、絹のような美
しい光沢がありました。繊維のような氷が
たくさん生まれたようです。氷全体が美し
いカーブを描いているのも興味深いです。

**写真 3-9**
## 氷の花で割れた茎
［1月／東京都八王子市］

シモバシラの茎は氷の花によって割れて
しまうこともあります。割れたところか
ら上には氷の花が見られません。

**写真 3-10**
## カーブした氷の花
［1月／東京都八王子市］

茎からできた氷の花は、大きなものでは 10cm 程度
伸びますが、ほとんどのものが曲がった形をしてい
ます。空気をたくさん含むので白く見え、重さはあ
まりありません。伸びる氷の花びらの数は、茎の割
れ目の数と対応しているようです。

**写真 3-11**
## 融ける氷の花 ［1月／東京都八王子市］

氷の花は太陽の熱でだんだん融けていきま
す。午前10時頃になると、気温も高くなっ
て、氷の花はなくなっていきます。氷の花
を見るには、朝に高尾山に登り、10時前
には現地に着いている必要があります。見
られる場所は日々変わります。

第3章 生えてくる氷

# 第4章 降る氷

## ｜ 空からの氷もいろいろ ｜

### 雲の中で霰ができるしくみ

空から降ってくる氷には、実はいろいろな種類があり、霰（雪霰と氷霰にわかれる）、雹、凍雨などがあります（図表4-1）。また、水として降ってきますが、地面についてすぐに凍る雨氷というものもあります。

積乱雲のような背の高い雲から氷が降るときは、まず上層にできたごく小さな氷の粒（氷晶）が落下します。周囲に0℃以下でも凍らないでいる水滴（過冷却水滴といいます）の雲粒があるところへ落ちてくると、水滴から氷の粒の方へ水蒸気が移動し（水が水蒸気を取り込むと水が水蒸気を出し続けるため）、雪結晶が成長して、さらに落下します。

さらにその下にも過冷却水滴がたくさんあると、雪結晶に多くの水滴が凍りつき、雪結晶が白い塊になります。これが雪霰です（写真4-1）。雪霰には雪結晶の形が残っているものもあります。雪霰は地表付近の温度が高いと、途中で融けて雨になります。雪結晶が融けてできた雨よりも、雪霰が融けてできた雨の方が、雨粒が大きくなります。

### 霰と雹はどこが違うか

積乱雲の中には強い上昇気流があるので、落下途中で融けはじめた雪霰や雨が持ち上げられ、温度の低い高層の大気でもう一度冷やされて、氷になることがあります。それが降ったのが氷霰です（写真4-2）。

この上昇と下降を何度も繰り返すと、氷の粒は大きくなります。直径が5mm以上になったものが降ってくると、雹と呼ばれます（写真4-3〜4-7）。雨は直径が7mm程度以上になると、落下のときの空気抵抗で分裂してしまいますが、雹はどんどん大きくなります。1917年には埼玉県でカボチャ大の雹が降ったことがあり、日本最大の記録といわれています。

2000年5月にも千葉県や茨城県で、ゴルフボール大の雹が降りました。家々の窓ガラスが割れ、車も凹むなど被害が出ました。小学校では校舎内にも強風とともに雹が大量に吹き込んできて、子どもたちは恐怖を感じたようです。

雹の断面を見ると、その成長したあとが年輪のような模様でわかります。また、球形とは限らず、他の雹や霰がくっついたりして、いびつな形になり、とがった部分もできます。

大きくなると落下速度も大きくなります。私が見たときは、野球の外野フライのボールが落ちてくるような感じで、当たると危険だと思いました。激しい雨の

## 氷の降水現象

| 現象 | 状態 |
|---|---|
| 雪 | 氷の結晶やそれらが集った降水 |
| 霙 | 雨と雪が混在して降る降水 |
| 雪霰 | 白色で不透明な氷の粒の降水。粒の直径は 5mm 未満 |
| 氷霰 | 半透明の氷の粒の降水。粒の直径は 5mm 未満 |
| 雹 | 氷の小粒または塊の降水。直径が 5mm 以上 |
| 凍雨 | 雨滴が凍った透明な粒の降水 |

**図表 4-1**
**氷の降水現象**
空から地面に降る氷には、これらの現象があります。雨
粒より大きいひょうは、落下速度が大きく危険です。ダ
イヤモンドダストという氷の降水現象もあります。

最中に雹が混じって降ることがあるので、大粒の雨が降ってきたら注意する必要があります。また、雹が降るときは積乱雲が大きいので、空がかなり暗くなります。落雷や、竜巻などの突風も同時に起こる可能性があるので、気をつけなくてはなりません。雹の観察のさいは安全に配慮してください。

### 降る氷の種類はまだある

冬などに、雨が地表近くの氷点下の空気に触れて、透明な小さな氷の粒となって降ってきたものを凍雨といいます（写真 4-8 ～ 4-9）。大きさは 1 ～ 2mm 程度と小さく、よく見ないと気がつかないかもしれません。窓ガラスなどに当たると、独特な小さな音がして、車のフロントガラスの下などによくたまります。また、地面に積もっても、透明なので濡れているだけのように見えます。

凍雨が降るためには、上空の気温が地面に向かって0℃以下→0℃以上→0℃以下となるような、下層に寒気が入る特殊な条件が必要です。冬の関東で、まれに凍雨が見られます。また、凍雨は地面でよく跳ねます。実は、氷は跳ね返りやすく（反発係数が大きく）、凍雨の落下を動画撮影するとそれがよくわかります（写真 4-10）。

### 落ちてすぐに凍りつく「雨氷」

過冷却（0℃以下）の冷たい雨が、物体についてすぐに、透明でなめらかに凍りつくことがあり、その氷を雨氷といいます（写真 4-11）。木の枝に大量につくと、その重みで枝がしなり、木が倒れたりします。雨氷によって、たくさんのつららができることがあります。電車の架線に雨氷が大量に凍りついて、電車が動けなくなったことがあります。

写真 4-1
## 雪霰
［1月／東京都町田市］

雪が降りそうな空からパラパラと白いやわらかな塊が降ってきました。まわりに付着しているキラキラと輝く小さな粒は、氷点下の雲の粒がたくさん凍りついたものです。水分の多い冷たい雲の中で、雪霰は生まれます。霰の大きさは 2 ～ 5mm です。

写真 4-2
## 氷霰
［3月／栃木県日光市］

春から初夏にかけて、氷の粒が降ることがあります。気温が高くなったので、表面が一度融けたり、水の膜がついたりしたあと、再び凍ったものです。雪霰より落下速度が大きくなります。5mm 以上になると雹といいます。

写真 4-3
## 雹
［5月／宮城県仙台市］

宮城県仙台市で家の庭に降った雹を冷凍庫に保存し、その後に撮影したものです（保存中にくっつきました）。1cm 程度の半透明な氷の塊です。雨と違って雹はどんどん大きくなり、落下速度も大きくなって危険です（協力：原田敦氏）。

写真 4-4
## 大量の雹
［2月／ボリビア・ウユニ］

夜中の激しい雷雨の最中、たくさんの雹が降ってきました。玄関先に溜まった雹を集めて、ライトを当てて撮りました。大きさは 5 ～ 10mm 程度で、表面には雲の粒が凍りついていて、多くは球形でした。

**写真4-5**
### 雹の断面 ［5月／宮城県仙台市］

雹は雲の中を上下しながら、外側に新たな氷の膜を増やして成長します。大きな雹になると、年輪のような模様ができてきます。また、雹が半透明に見えるのは、内部にたくさんの泡が入っているためです（協力：原田敦氏）。

**写真4-6**
### 降雹 ［4月／千葉県柏市］

雹は多くの場合、大粒の雨に混じって降ってきます。白く見えているのが降っている雹です。水面にできた水しぶきが王冠のような形になっていて、落下スピードが速いことがわかります。水たまりの中は温度が高いため、融けてしまいます。

**写真4-7**
### 雹で割れた窓ガラス
［6月／千葉県松戸市］

雹で中学校の窓ガラスが次々と割れました。大きいものでゴルフボール大と思われます。

**写真4-8**
### 布に受けた凍雨 ［1月／千葉県柏市］

雨が上空の氷点下の空気に触れて凍ったものです。1～2mm程度の透明な粒で、ほぼ球形をしています。完全に凍っていないものは、落下直後に壊れて、くっついて凍るものもあります。

**写真4-10**
### 跳ねる凍雨 ［1月／千葉県柏市］

車の屋根に降ってきた凍雨が跳ね上がるようすを動画から切り取った静止画です。凍雨はパラパラと降ってきては、跳ね返り、放物線を描いて見えました。雨戸などからも小さな音が聞こえてきました。

**写真4-9**
### 葉に乗った凍雨
［1月／千葉県柏市］

葉の上にたくさん積もった凍雨です。ライトを当てて見ると、こうしてキラキラと輝きます。透明なので積もってもあまり白くならず、氷の層ができたような感じになります。関東平野でひと冬に一度程度、観察しています。

**写真4-11**
### 雨氷 ［2月／千葉県柏市］

氷点下の気温で降ってきた冷たい雨が、樹木などの物体についてまもなく凍ったものです。この写真は物干し竿の上側についていて、さらに小さなつららができていました。雨氷の表面の凹凸や、つららの中の空気が不思議です。

# 第5章 つく氷

## | どこにどうつくかは天気次第 |

### 美しい氷の芸術、霜

霜は、目に見えない水蒸気が氷となる現象です。地面が氷点下に冷えたとき、空気中の水蒸気が飽和すると、霜となって地表物につきます。霜と霜柱は混同されがちですが、霜柱は地中から出てきた水分が凍ったもので、霜とはできかたが違います（第3章参照）。

霜はたいていのものにつきますが、つきやすいのは出っ張ったところ、空気がぶつかりやすいところ（風上側や物体の上部など）です。空中を飛んでいる水蒸気が、近くにあるものにつくからです。土の場合は、土の出っ張ったところに霜ができ（写真5-1）、湿ったところには霜柱ができます。また、草木の葉や花、枝などにも霜がよくつきます（写真5-2～5-5）。いったん小さな霜ができると、そこにさらに水蒸気がついて、成長していきます。

### 霜の花＝フロストフラワー

特に大きな霜は、フロストフラワー（霜の花）と呼ばれます（写真5-6～5-8）。大きな霜の塊は、小さな白い花のようです。フロストフラワーのように霜が大きく成長するのは、近くに水蒸気の供給源があるときです。湖や川の近く、あるいは温泉地などでは、冬にフロストフラワーができることがあります。

霜の形は、雪の結晶の形になんとなく似ています。雪の結晶の場合は、空中にあるちりなどを核として、空中でさまざまな方向に成長できますが、霜の場合はある方向に偏って伸びるしかないので、大きく見ると、実は似ているようで似ていません。しかし、水蒸気がつくときの温度や湿度などの条件が同じだと、霜も雪も微細な結晶の形では似ることがあります。室内実験の人工雪の結晶も、空間に伸ばした細い毛や糸につく結晶を観察するわけですから、霜と似た感じがあります。

珍しい霜として、霜のつららがあります（写真5-9）。氷のつららほど固くなく、ものが当たると簡単に壊れてしまいます。私は極寒のモンゴルの温泉地や南極の雪洞の中で見ました。霜の成長速度が速いです。

### 窓の内側と外側につく氷

霜は窓ガラスにもよくつきます（写真5-10～5-12）。その霜は窓霜といい、寒い地方では冬の風物になっています。関東でも冬の朝に、車のフロントガラスなどについていることがよくあります。窓霜も窓の内側と外側ではできかたが違います。内側の場合は、寒さで

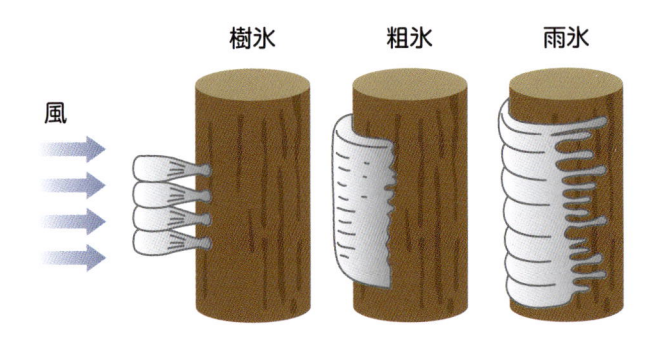

**図表 5-1**
**着氷の種類**
氷点下の気温で水滴からできる氷は、水滴の大きさや気温によって形が変わり、樹氷、粗氷（そひょう）、雨氷にわけられます。アイスモンスターでは樹氷の間に雪が入り込んでいます。

室内の水蒸気が窓に結露して水の膜となったあと、その水が凍ったものが多く、窓氷といい、巨大な模様ができることがあります。外側の場合は、草木につく霜と同じように空中の水蒸気が凍りついたもので、雪の結晶のような美しい形になっていることがあります。ただし、平面上で成長するため、菌糸が伸びるような不思議な形状をしています。窓霜には小さな氷の粒がたくさんついていて、太陽の光が当たると輝きます。

## 世界的に珍しい日本のアイスモンスター

樹氷は、木の幹や枝などに、風で飛んできた過冷却水滴の雲粒が次々と凍りついたもので、風上側に伸びていきます（写真5-13〜5-14、図表5-1）。ぶつかった瞬間に凍り、色は真っ白です。山形県や宮城県の蔵王山などでは、アオモリトドマツの葉や枝についた樹氷が大きく成長し、その間に雪もついて、樹木全体が大きな白い塊になります。これはアイスモンスター（スノーモンスター）呼ばれ、世界的にも珍しいものです

（写真5-15〜5-16）。樹氷の季節は霧（雲の中）や降雪で視界が悪く、晴れた日に樹氷が見られるチャンスは滅多にありませんが、10 mにもなるような大きな木々が、アイスモンスターとなって並んだ光景は壮観です。その近くをスキーで滑走することも可能で、夜はライトアップもされます。ただし、アイスモンスターの近くは、雪がやわらかくて埋まりやすく、木から雪や氷が落ちてくることもあり、接近するのは危険です。アイスモンスターの群れの中に入ると、迷路のようです。

第5章　つく氷　39

**写真5-1**

## 地面の霜 ［1月／茨城県茨城町］

霜柱が地中の水分が凍ったものであるのに対し、霜は空気中の水蒸気が昇華してついたものです。盛り上がった土の上に、上方から水蒸気がついて、霜が成長します。霜柱と霜の両方ができていることもあります。

**写真5-2**

## 草の霜 ［11月／北海道陸別町］

冬の寒さの厳しい北海道では、秋に霜がつきます。夜が明けてきた頃、気温が最も下がり、野原の草にきれいな霜ができていました。暗い中でフラッシュを当てて撮影したので、ところどころ輝いています。

**写真5-3**
**葉の霜** ［2月／千葉県柏市］

霜のつきやすい場所があります。葉の場合
は葉の周囲や毛のあるところです。霜の形
状がどうなるかは、葉の形にもよりますが、
気温の影響も大きく受けて変わります。別
の草木に上方を覆われたり、風下になった
りすると、霜がつきにくくなります。

**写真5-4**
**花の霜** ［1月／東京都葛飾区］

公園のロウバイの花についた霜です。
近くに池があり、そこからたくさん
水蒸気がやってきました。弱い空気
の流れがあるときは、風上側でよく
成長します。朝日が当たると輝いて、
暖まり、蒸発していきます。

第5章 つく氷 41

**写真 5-5**
### 樹霜
[3月／栃木県日光市]

枯れ枝が霜で白くなりました。よく晴れた夜は放射冷却で気温が下がり続け、空気中の水蒸気が飽和するので、霜ができました。霜は早朝が最も成長しています。雪と違い、霜は雲がまったくなくてもできます。

**写真 5-7**
### 温泉の
### フロストフラワー
[12月／北海道鹿追町]

温泉の湯気が近くの板についてできたもので、雪の結晶のように、美しい形に成長していました。大きさは1cm程度あり、肉眼でも模様がよく見えます。湯気が下から当たるので、下に向かって伸びていました。

**写真 5-6**
### フロストフラワー
[12月／モンゴル]

一面の雪原の表面に、うっすらと霜がついていました。そして雪原から出た枯草に、美しいフロストフラワー（霜の花）ができていました。まさに霜が花を咲かせたようです。朝日に当たって輝いていました。

写真 5-8

## 川岸のフロストフラワー
[12月／モンゴル]

氷点下の気温でも、川はなかなか凍りません。その川から出た水蒸気が、岸の氷の上でフロストフラワーをつくりました。まず小さな霜ができて、そこに次々と水蒸気がついていったようです。花びらのような形になることもあります。

写真 5-9

## 霜のつらら [2月／モンゴル]

モンゴルの温泉地で見つけた、数十cmにもなる大きな霜のつらら。温泉は 40 〜 50℃程度、気温はマイナス20℃近くでした。その温度差で水蒸気が建物にどんどんつき、霜のつららになりました。大きな霜のつららは、南極の雪洞でも見たことがあります。

**写真 5-10**
**外の窓霜**
[2月／千葉県柏市]

車のガラスの外側についた霜です。下の目盛りは1mmごと。霜がかなり大きくなっているのがわかります。ガラス表面だけでの成長ですが、樹枝状をしていて、雪の結晶とは枝の出る角度が少し違うようです。

**写真 5-11**
**窓氷** [2月／茨城県鉾田市]

———

窓の内側にできる窓氷は、窓で結露した水が凍ってできることが多いため、水面にできた氷のような模様が見られます。これは部屋の窓ですが、車の窓ガラスの内側にも同じような窓氷ができたことがあります。

**写真 5-12**
**山の窓霜** [1月／北海道東川町]

———

標高の高いロープウェイ駅舎の窓の内側についた窓霜です。水から凍ったものと、水蒸気がついたものが混じっているようです。光をうまく当てると、とても美しい模様が浮き出てきます。

第5章　つく氷

写真 5-13
## 棒についた樹氷
[2月／山形県山形市]

蔵王温泉スキー場の山頂付近は、日本海側から過冷却水滴の雲がぶつかって凍りつき、樹氷ができやすい場所です。写真の左側が風上側で、風上側へ伸びる不思議な形状は、「エビの尻尾（しっぽ）」と言われます。

写真 5-14
## 葉についた樹氷
[2月／山形県山形市]

蔵王温泉スキー場にたくさんあるアオモリトドマツの葉に、たくさんついた小さな樹氷です。左側から次々と、マイナス 10℃前後の過冷却水滴の雲がぶつかって成長します。この状態のときは、風で枝が大きく揺れます。

写真 5-15
### アイスモンスター
［2月／山形県山形市］

雪が樹氷の間に吹きつけて入り込み、木全体が白い塊になったものをアイスモンスターまたはスノーモンスターといいます。高さは 10m にもなるものがあり、迫力があります。木は、雪と氷に覆われることで、寒さから守られます。

写真 5-16
### アイスモンスター群
［2月／山形県山形市］

同じく蔵王温泉スキー場からの眺め。遠くに見えるのは朝日連峰、その向こうが日本海です。冬の季節風が吹くと、このあたりは雲の中に入り、強風となります。そうしてたくさんのアイスモンスターができます。この写真のように晴れるのはとても珍しいことです。

### 写真 6-1
## アラスカの氷河
［9月／アラスカ］

アラスカ・プリンスウイリアムズ湾で、クルーズ船から見た大きな氷河です。氷河の流れに沿った黒っぽいすじは、運ばれるたくさんの石です。この氷河は海に流れ出ています。

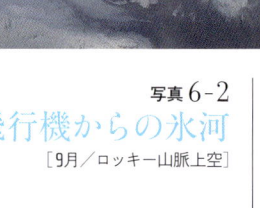

### 写真 6-2
## 飛行機からの氷河
［9月／ロッキー山脈上空］

飛行機から見ると、氷河が山の間を川のように流れていることがわかります。固い氷も、その重みで、ゆっくりと低い場所へ動いていくのです。氷河の上を運ばれるたくさんの石が合流したあとに黒っぽいすじがみられます。

### 写真 6-3
## 小さくなった氷河
［9月／アラスカ］

30年前と比べると、アラスカの氷河はかなり氷が減りました。この氷河も、海まで達することなく、途中で融けています。また、表面には汚れも目立って、このためにさらに融けやすくなっているようです。

第6章 動く氷 51

写真 6-4
崩れる氷河 ［9月／アラスカ］

テレビなどでよく取り上げられる崩れる氷
河は、こうした場所で見られます。流れて
きた氷河が海に入るとき、重みで落下して
いくのです。しかし、大きな崩壊はなかな
か起きるものではありません。私も3回
行き、小さな崩壊を見ただけです。

写真 6-5
氷河の穴 ［9月／アラスカ］

氷河に青い穴がいくつもありました。
表面を流れる水が、氷河の下に流れ落
ちる場所です。大きな氷の中を通る光
は、水中と同様に、青色以外が吸収さ
れるため、穴はこうして青色に見えま
す。神秘的な色です。

**写真 6-6**
## 氷河の氷 ［9月／アラスカ］

氷河の氷は、高い山の上に積もった
雪が固まったものです。雪の中や間
には空気が入っているため、氷河の
氷にもたくさんの気泡が入っていま
す。この氷河の氷は数百年前に積
もった雪からできたようです。

**写真 6-7**
## 後退する氷河 ［9月／アラスカ］

かつてはこの写真を撮影した場所まで、氷
河は届いていました。氷河の先端はだんだ
んと後退し、遠くの山の上にやっと見える
だけになってしまいました。地球の気温が
高くなっていることとともに、氷の汚れも
原因だと思います。

**写真6-8**

カール ［8月／富山県立山町］

氷期と呼ばれる時代が続いた約1万年
前までは、日本にもたくさんの氷河があ
りました。そのころの氷河が削った地形
が、日本アルプスなどに残っています。
中央に見えるスプーンでえぐったような
地形は、カール（圏谷）といい、天然記
念物になっています。

写真 6-9
## U字谷 ［3月／ロッキー山脈上空］

氷河があったころにできた地形は、アメ
リカやカナダのロッキー山脈にもたくさ
ん残っています。写真奥に見られるよう
に、氷河が流れた谷は U 字形に浸食され、
これを U 字谷といいます。手前側は、
あとから水の流れでできた V 字谷で違
いがはっきりわかります。

写真 6-11
## 氷床の擦痕 ［9月／カナダ］

地面に出ている岩の表面に2方向の線
状の模様が見られます。右上から左下に
向かう線は、元々この地層にあったと思
われます。そしてその上を氷床（氷河）
が動いたときに、左上から右下に向かう
たくさんの細い線ができたようです。

写真 6-10
## 氷河の痕跡 ［8月／アラスカ］

かつてこの谷を大きな氷河が流れていて、
その浸食によってこの U 字谷ができま
した。氷河がほぼ水平に流れ、側面を
削ったあとが横向きの段差の線としてた
くさん残っています。氷河がだんだんと
減って、線の位置が下がったようです。

第 6 章　動く氷　　55

**写真 6-12**

## 蓮葉氷の流氷 ［2月／北海道紋別沖］

流氷が接岸してきたときに見られた蓮の葉
のような形の流氷です。海の上に氷が浮か
びはじめ、その氷どうしがぶつかり合って、
氷の周囲が少し盛り上がっています。遠く
には流氷のない海が見えています。

**写真 6-14**

## 1980年頃の流氷（夜）
［3月／北海道小清水町］

夜の写真でわかりにくいですが、流氷は海
岸に打ち上がって重なりあっていました。
海の上にもびっしりと流氷が載っています。
波によって流氷がぶつかり合い、不思議な
音が聞こえました。以前はこんなに流氷が
多かったのです。

**写真 6-13**

## オホーツク海をやってきた流氷
［3月／北海道網走沖］

観光砕氷船から見た大きな流氷の塊です。
流氷の厚さは 50cm 前後あり、ぶつかり
合って立ち上がっているものもあります。
2 ～ 3 月頃の流氷の最盛期には、こうした
光景が見られます。流氷が去ることを、海
明けといいます。

写真6-15
**海岸に打ち上がる
川の氷**
[3月／北海道豊頃町]

―――――――
2～3月頃、十勝川から海へ流
れてきた氷が、近くの海岸に打
ち上がります。流氷とは違って、
透き通ったきれいな氷が多く、
その美しさから、ジュエリーア
イスと呼ばれています。

写真6-16
**ジュエリーアイス**
[3月／北海道豊頃町]

―――――――
打ち上がったきれいな氷をアップで撮りまし
た。大きさは30cm程度で、表面に融けると
きにできるスプーンカット模様があります。
少し青く見えるのは空が映っているためです。
大きな波がやってくると去っていきます。

# Column
## 世界の氷を見て

　日本や世界のさまざまな場所で氷を見るのは楽しいものです。

　日本で氷というと、透明や白色のイメージがありますが、氷河や氷山などの氷は、薄い青色に見えるものがあります。かなり透き通った氷でないと青くは見えません。海の水が青く見えるのと同様、氷の中で青以外の色が吸収されるためです。また、海外のとても寒い地域で、きれいな積雪に腕くらいの太さの穴を数十cmの深さまで掘ると、雪の中が青っぽく見えます。これも、日本ではなかなか体験できないことです。

　氷の中には気泡がよく入っています。南極の池の氷は、気泡が細かくなく、集まって大きくなっており、そのせいで氷が白っぽくならずに透明になっています。透き通った氷の奥深くまで泡が続いている様子は、宇宙空間を見ているようで、不思議でした。これらの泡は、氷がゆっくり成長するときに、溶けていた空気が出てきたものです。大きな気泡の内部には、霜がたくさんできていて、太陽の光が当たると虹色に輝きました。

　太陽光が当たった、薄い池の氷を持ち上げたところ、氷の内部に雪の結晶の形に似た美しい模様（チンダル像）がありました。太陽の熱で氷の内部が融けて、氷の中にできた水は体積が縮んだため、模様の中に小さな真空に近

い気泡もできて、動いていました。

　地上や洞窟内の氷の表面などには、不思議な模様がしばしばあります。氷の結晶が成長するときにできた模様です。条件のよいときは、五角形などになっていることもあり、氷が安定してゆっくりと成長していくときの姿です。

　こうして、各地で、ふだん見ない氷の姿に出合うと驚かされます。寒い地方への旅が面白くなります。

洞窟の氷は静かにゆっくり凍るので、氷の中の結晶が大きくなり、結晶の間にこうした不思議な模様が見られます。

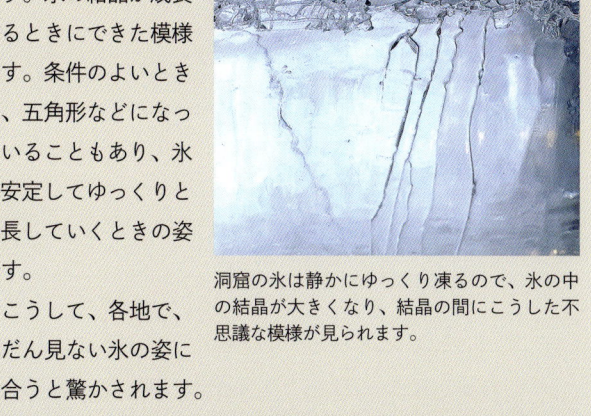

一部が青く見える南極海の氷山
氷山に近づくと、割れ目が青く見えました。さらに層となって透き通った氷があると、青く見えます。

南極の池に張った薄い氷を持ち上げ、透かして見ると、花びらや雪の結晶に似たような形のチンダル像がたくさんありました。

第2部

雪

雪の大谷（5月、富山県立山町）

**写真 7-1**
**雪雲** ［3月／栃木県日光市］

冬の季節風が強く吹き、栃木県の男体山にもやもやとした雲がやってきました。これは雪雲で、まもなく雪がひらひらと舞ってきます。雲の中の小さな氷の粒（氷晶）は、まわりの水滴から水蒸気を奪って成長します。

**写真 7-2**
**上空の雪** ［2月／千葉県我孫子市］

雲からもやもやと垂れてきているのは、氷の粒（雪）です。ゆっくりと降り、夕日が当たって輝きました。空気が乾燥しているので、途中で蒸発しているようです。また、一部が融けて、雨となって降ってきました。

**写真7-3**

**雪国の雪** ［2月／岐阜県白川村］

雪景色で有名な白川郷で、やや乾いた雪が降ってきました。雪雲が北西の季節風で流されてきて、その上空は晴れていて、太陽がうっすらと見えます。逆光では雪がこうして灰色になります。

**写真7-4**

**流される雪**

［1月／群馬県嬬恋村］

山の中で、雪片がひらひらと、風に流されながら舞い降りてきました。雪片は丸くないので、空気抵抗によって、自ら回転するものも見られます。夜間に、1秒間に50回光るフラッシュを当てて撮影しました。

**写真7-5**

**粉雪** ［3月／栃木県日光市］

氷点下の乾いた雪はとても小さいものです。こうした粉雪には結晶が見られることもよくあります。このときは朝の太陽の光が当たって輝いていました。粉雪の落下速度は、1秒間に数十cmととてもゆっくりで、風に流されます。

第7章　降る雪　　63

**写真7-6**

## 針状の雪
[2月／千葉県柏市]

この写真は、カメラを空に向け、落ちてくる雪を撮ったものです。関東で細かい粉雪を見ることはまずありません。それは気温が高いからです。この日は珍しく雪の結晶が降り、その形は針状をしていました。

**写真7-7**

## 牡丹雪 [2月／千葉県柏市]

4回連続してフラッシュを当てて撮影した写真です。南岸低気圧で関東に降る雪は、多くの場合、湿った牡丹雪です。2～3cm程度の大きさになっていることもあり、地面をすぐに白くしていきます。牡丹雪は、上空で雪が絡み合い、大きく複雑な形をしています。

**写真7-8**

## 雪片
[3月／群馬県沼田市]

布の上にバサッと降って来た、大きな雪片です。よく見ると、たくさんの結晶が見られます。小さな白いかたまりは、雲をつくる氷点下の水滴が凍りついたものです。平地では、結晶が単独で降ることはあまりありません。

**写真 7-9**

雪結晶 ［1月／モンゴル］

半分晴れた空から、雪の結晶がひらひらと
降ってきて、車の上に落ちてきたものを撮
影しました。6本の太い枝が伸びた、とて
も美しい形です。氷点下15℃前後で空気
が湿っているとき、こうした大きな樹枝状
の結晶ができます。

写真 7-10
## ダイヤモンドダスト
[3月／栃木県日光市]

氷点下10℃以下に冷えた北海道で見られるものが有名ですが、本州でも高い山でまれに見ることができます。晴れた空、朝日に当たってきらきらと色づいて輝いていました。粒がとても小さいので、空中を舞うような感じで見られます。

写真 7-12
## みぞれ [1月／千葉県柏市]

霙（みぞれ）は雨と雪が混じって降ります。地面についたときは雪も融けてしまいますが、こうして降っているときに白いものが混じっていることで霙とわかります。霙が降ったら、気象観測としては、雪が降ったことになります。

# 第8章 雪面模様

## ｜降った雪がつくっていく形｜

### 銀世界の雪面はどう変化するか

　雪が降ったあとは、雪面の観察が面白いです。雪はたくさんの小さな氷の粒からできているため、光を反射しやすく、雪面は真っ白に輝きます。その光景を「銀世界」と表現することもあります（写真8-1）。雪の上はとてもまぶしく、冬でも日焼けします。

　粉雪と牡丹雪では、降ったあとの雪面の様子がかなり違います。粉雪は繊細な模様をつくり、風とともに降ると、細かいすじの模様が見られます。一方、牡丹雪の大きな雪片が降ったあとは、雪面にやや凹凸ができています（写真8-2）。

　積もった雪は、氷の粒がくっつき合って、どんどん構造が変わります。きれいな結晶も、だんだん形が崩れ、氷の粒は丸くなろうとして、ざらめ雪やしもざらめ雪に変化していきます（図表8-1 ～ 8-3、写真8-3）。降ったばかりのさらさらの雪とは、かなり違うものになってしまいます。

　積雪の表面も変化を続け、部分的に融けた「雪えくぼ」ができたり、風などでスプーンカット模様ができたり、日射でくさび形に残ったりもします（写真8-4 ～ 8-6）。木のまわりでは、太陽で暖まった木の熱の影響や、幹を伝わってきた雨水によって、丸い形に雪が

融けます。雪に載った葉は、太陽の熱や葉の重みで沈んでいます（写真8-7 ～ 8-8）。雪の下に薄い氷がある場合は、氷からしみ出た水が、氷紋という不思議な模様をつくることがあります（写真8-9）。

　また、積雪の上に、新たに霜ができていることがあります。そこに当たった太陽の光は、屈折し、さまざまな色がつきます（写真8-10）。まるでダイヤモンドダストが雪面にくっついているようです。歩きながら見ていると、次々と色が変わります。その霜の形は気温や湿度によって変わります。

### 雪面に残るもの

雪面にはさまざまな動物の足跡もできていて、足跡によって動物の種類がわかります。縦2つ、横2つが交互になるウサギの足跡は、見つけやすいでしょう（写真8-11）。夜行性の動物の動きも、残った足跡からわかります。また、動物が歩いた場所は、雪が固められるので、地吹雪のときにそこが残りやすくなり、足跡が出っ張って現れたのには驚きました（写真8-12）。

　春になり、強い雨が雪の上を流れると、川のような模様ができることもあります（写真8-13）。この頃になると、雪面の汚れが目立ちます。雨と違って雪は

ずっと残るので、大気汚染の汚れが凝縮されるのかもしれません。

　7月の富士山頂付近の残雪が、灰色をしているのに驚きました（写真8-14）。南極で見た汚れのない美しい白い雪に対し、こうした日本の雪の汚れが気になっています。降り積もった雪が酸性になっているということも観測されていて、植物などへのさまざまな影響も懸念されます。

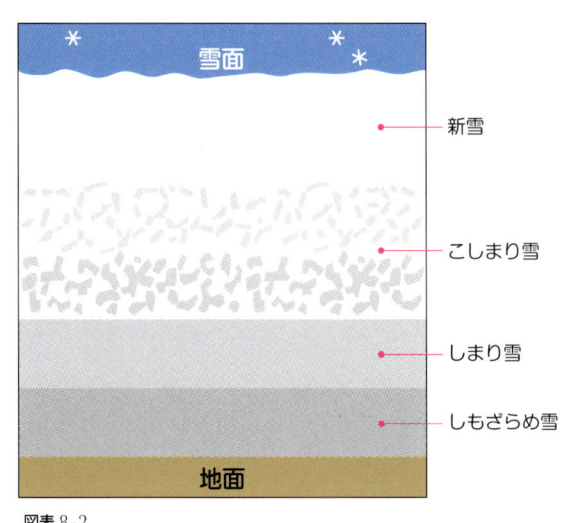

図表 8-2
積雪の変化
積もった雪は、だんだん形が変わっていきます。新雪はしまり雪になり、しもざらめ雪へと変化します。気温が0℃以上だと、水になります。

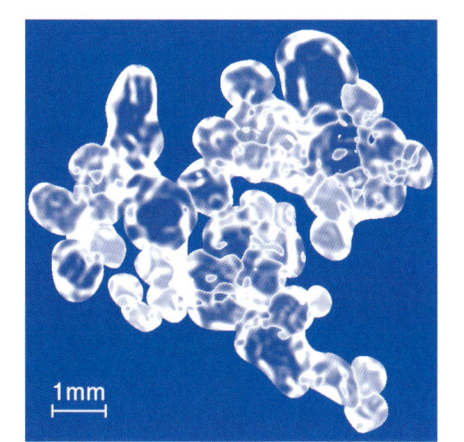

図表 8-1
ざらめ雪
雪に溶けた水が入って凍り、小さな丸みのある氷の粒がたくさんくっついたような形になっています。光が当たると輝きます。

## 積雪と水分の関係

|  | 温度 | 状態 | 水の割合 |
|---|---|---|---|
| 乾いている | <0℃ | 握っても固まらずに崩れる | 0% |
| 湿っている | 0℃ | 握ると固まり雪玉ができる<br>水はルーペでも見えない | <3% |
| ぬれている | 0℃ | ルーペで水が見える<br>握っても水はしたたり落ちない | 3〜8% |
| 非常にぬれている | 0℃ | 握ると水がしたたり落ちる | 8〜15% |
| シャーベット状 | 0℃ | 雪を持ち上げると水がしたたり落ちる | >15% |

図表 8-3
積雪と水分の関係
積雪は自ら融けたり、大気中の水蒸気を結露させたりすることによって、水分を含んでいきます。

**写真 8-1**
銀世界 ［2月／福島県会津坂下町］

新雪が一面にたくさん積もっています。白
い雪が輝くので、銀世界といいます。新雪
は太陽の光の 80 ～ 90% を反射させるので、
こうした明るい光景になります。汚れた雪
は反射率が落ちていきます。

第 8 章　雪面模様　69

**写真 8-2**

### 湿った雪 ［2月／千葉県柏市］

比較的温暖なところに降る湿った雪は、大きな雪片となって降ります。そのかたまりが積もった地面には、凹凸のある特徴的な模様ができます。地面の熱で、下側から融けている影響もあるでしょう。

**写真 8-3**

### ざらめ雪 ［2月／山形県米沢市］

ざらめ雪は、水分を含んで大きくなった丸い氷の粒が集まってできています。雪が日中に少し融け、夜間に凍ってできたもので、降ってきた雪の粒そのものではありません。道路の近くにありました。

**写真 8-4**

### 雪えくぼ ［2月／山形県米沢市］

雪融けの頃に、やわらかい雪面にできるたくさんのくぼみ模様を雪えくぼといいます。暖かい空気が当たったり、雨が降って融けるときなど、融けた水が雪にしみ込んでできます。さまざまな大きさや深さがあります。

**写真8-5**

## スプーンカット模様
［8月／富山県立山町］

夏になっても残っていた山の雪は、表面がスプーンでえぐられたような形となっています。暖かな湿った強い風が当たって、雪が融けてできたようです。また、地面の熱によって下からも雪は融けて流れていきます。

**写真8-6**

## 蒸発する雪 ［1月／千葉県我孫子市］

雪面に強い太陽の光が当たると、昇華によって雪が水蒸気となって消えていきます。すると太陽の方に向かってくさびの形のたくさんの模様ができます。谷間になっているところほど雪が昇華しやすいためです。

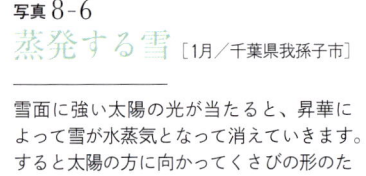

**写真8-7**

## 根開き ［3月／新潟県湯沢町］

春が近づくと、樹木のまわりの雪が、円形に融けることがあります。太陽光が当たって暖まった木からの熱で周囲の雪が融けたり、幹を伝ってきた雨水が雪を融かすなどの理由が考えられます。

第8章 雪面模様　71

**写真 8-8**
## 雪に沈む葉 [3月／岩手県花巻市]

雪に沈んでいく葉を見ることがあります。このカエデの葉はかなり深く潜っていました。日射が当たって暖まって下側の雪が融けたり、葉の重みで沈んでいくのでしょう。

**写真 8-9**
## 氷紋 [12月／ロシア]

イルクーツクの市街を流れる川は、岸から氷が張っていて、氷の上に薄く雪が積もっていました。氷の下からしみ出た水が円形に雪を融かしていき、ヒトデのような不思議な形が見られました。

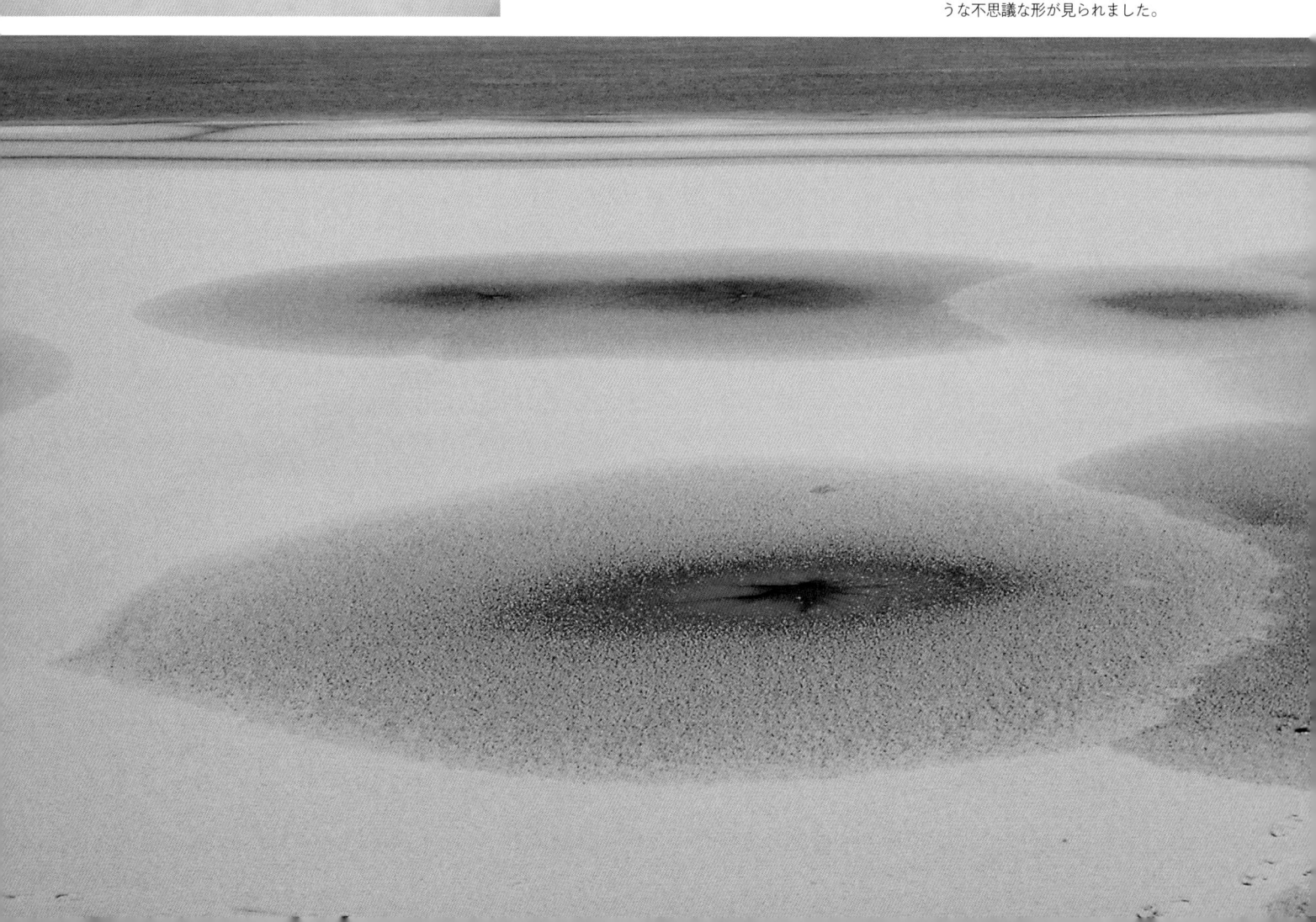

**写真 8-10**
**色づく雪面**
[3月／茨城県桜川市]

晴れて冷えた朝の雪面は、降った雪のままではなく、新たに氷の粒がついていて、朝日が当たってさまざまに色づいていました。こうして色づくのは、透明な氷の粒の中を、太陽の光が屈折するためです。少し動くと色が変わります。

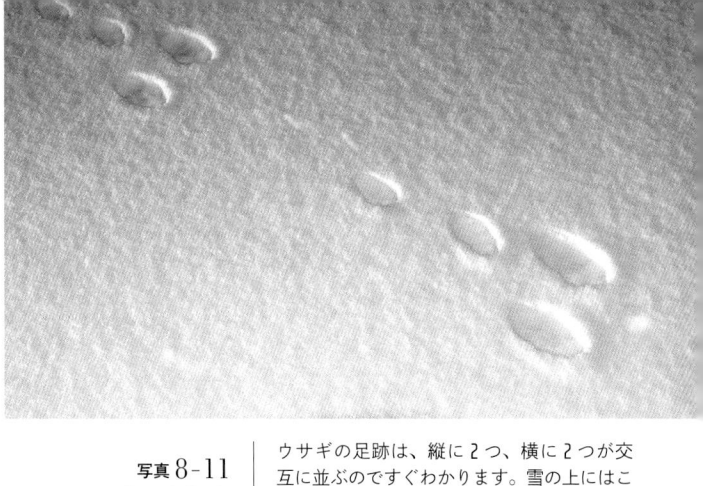

**写真 8-11**
**ウサギの足跡**
[1月／群馬県嬬恋村]

ウサギの足跡は、縦に2つ、横に2つが交互に並ぶのですぐわかります。雪の上にはこうして動物の足跡が残っていて、どんな動物がどのような歩き方をしたのかがよくわかります。夜行性の動物の足跡がよく見られます。

**写真 8-12**
**固まる足跡** [3月／北海道豊頃町]

乾いた雪が降ったあとに動物が歩いて雪を固め、その後、強風で周囲の雪が吹き飛んだため、足跡の部分だけが高く残ったと思われます。風下側へすじの模様ができています。手前の犬の足跡はそのあとにできたものです。

第8章 雪面模様　73

**写真 8-13**

## 雪の上を流れる
## 水のあと
［5月／富山県立山町］

固まった雪の上を氷が融けた水や雨
が流れたあとです。川のミニチュア
のような模様です。春の固い雪は、
水がしみ込みにくく、こうして表面
を流れることも多いのです。春の雪
は表面の汚れが目立ち、それが模様
になっています。

**写真 8-14**

## 富士山の残雪
［7月／富士山頂付近］

山開きの日の富士山頂付近の雪です。
大小のスプーンカットの模様や、雨
が流れたあとなど、いろいろな模様
が見られます。最近の傾向として、
高い山でも、大気汚染による残雪の
汚れが目立ってきています。

# 第9章 雪道

## 雪に対応する雪国の交通常識

### 雪道の交通を維持する努力

雪は白銀の美しい世界をつくりますが、道路の雪は、歩行者にも車にも厄介なものです（写真9-1）。

車道の除雪では、新雪時は除雪板（スノープラウ）のついたトラックが、高速で雪をかいていきます。その後、道路脇の雪を吹き飛ばすのはロータリ除雪車、圧雪の除去にはブレードのついた除雪グレーダが活躍します。

また、路面凍結を防ぐために、凍結防止剤散布車が塩化カルシウムを散布します。この塩化カルシウムは、水に溶けるときに熱を発生し、さらに氷の融点を下げる性質があるので効果的ですが、橋などの鉄筋コンクリートにしみ込んで劣化させたり、車が錆びたり、植物へ悪影響を与えたりと、問題もあります。

雪の上を走る自動車は、タイヤの熱によって接した雪が融けることで、スリップしやすくなります。かつては、金属の鋲などを打ち込んだスパイクタイヤが普及し、スノータイヤよりも安全で、タイヤチェーンの脱着の手間が省けるとされてきました。しかし、乾燥路ではアスファルトを削って粉塵を発生させるため、その後、使用が原則禁止されました。現在では、冬用のタイヤとして、性能が上がったスタッドレスタイヤが利用されています。

凍結した路面を、アイスバーンといいます（写真9-2）。積もった雪が車両で押しつぶされてできた圧雪アイスバーンは、摩擦が弱くなって滑りやくなります。スタッドレスタイヤによって磨かれた鏡面圧雪（ミラーバーン）は、さらに滑りやすくなります。道路に薄く氷の膜ができた状態をブラックアイスバーンといいますが、一見すると単に水があるだけだと錯覚することもあり、運転には注意が必要です（写真9-3）。日中に融けた雪が、夜間にブラックアイスバーンになることもよくあります。

水分の多い湿った雪を、濡れ雪といいますが、道路ではシャーベット状になって滑りやすく、その上に雪が載っている場合などは注意が必要です（写真9-4）。地面に白いたくさんの斑点ができる、斑点濡れ雪という現象も見つかっています。

### 突然視界を奪う地吹雪

強風で地面の雪が巻き上げられる状態を地吹雪といい、急に視界が悪くなるので危険です（写真9-5）。風の流れが短時間に変わって、突然の地吹雪に襲われることもあります。地吹雪のあとの雪面には、不思議な

模様が見られます（写真9-6 ～ 9-7）。風の向きの模様
だけでなく、風と直角方向にも段差のある模様が並ん
でいることがあります。また、地吹雪はしばしば吹き
だまりをつくります（写真9-8）。短時間に雪の丘を形
成し、できたばかりはやわらかいので、踏み込むと埋
まってしまいますから、注意が必要です。吹きだまり
は、物体の後ろ側に帯状にできることもよくあります
（写真9-9 ～ 9-10）。

### 雪のある道路は観光資源にもなる

雪から道路の通行を守るため、雪国では消雪パイプ
を設けています（写真9-11）。地下水などを利用して、
道路の雪を融かします。また、雪国の山間部では、雪
崩から道路を守るためにスノーシェッドやスノーシェ
ルターがつくられています（図表9-1、写真9-12）。ト
ンネルも効果的です。

　道路の雪が観光資源となることもあります。富山県
立山室堂の雪の大谷では、春になって除雪した大きな
雪の壁（高さ20 m前後）が見られます（写真9-13）。東
北地方などでも、山間部の道路の雪の壁がニュースに
なることがあります。雪の大谷では、冬のはじめから
の雪がずっと積み重なっていて、地層のような縞模様

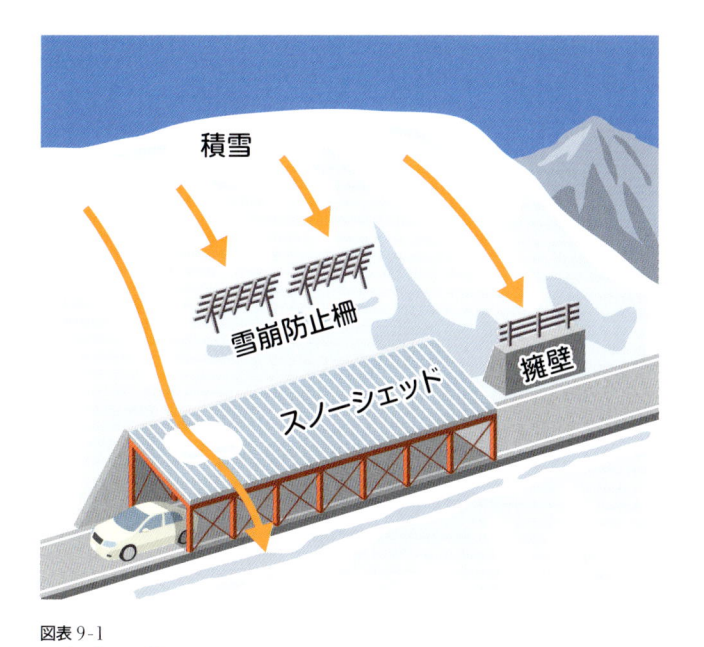

図表 9-1
スノーシェッド
積雪が多い斜面では、雪崩から道路を守るため、雪崩防止柵などをつくり、
もし雪崩が起こっても大丈夫なように、スノーシェッドを設けています。

が見られ、雪のカレンダーとも呼ばれます。

　ところで、マイナス20℃程度以下の環境では、雪
が車のタイヤでは融けなくなるので、意外にも滑りに
くくなります。この気温では、固い雪氷は砂や岩石の
ようです。

**写真9-1**
### 雪道
[3月／群馬県みなかみ町]

山の中の道は、除雪はしてあるものの、路面は雪で白く、周囲の木にもたくさんの雪がついています。白い車だと気がつきにくいでしょう。雪国では当たり前の風景かもしれませんが、慣れない人には雪道の運転はたいへんです。

**写真9-2**
### アイスバーン
[2月／栃木県日光市]

氷点下の気温で、道路の雪が融けず、車のタイヤで氷のように固められ、氷の表面のように滑りやすくなっています。特にこうしたカーブでは注意が必要です。空の光をよく反射します。

**写真9-3**
### ブラック
### アイスバーン
[2月／栃木県日光市]

雪が一度融けて凍った状態だと、道路に薄く氷が張ったようになり、アスファルトが透けて見え、ただ濡れているように感じるかもしれません。白いアイスバーン以上に滑ることがあり、運転には注意が必要です。

**写真9-4**
### 濡れ雪
[4月／栃木県日光市]

地面の熱で雪が融けかかり、シャーベット状になった状態です。その上にうっすらと雪が載っていて、車が走ると雪が融けます。タイヤのグリップが弱くなり、車は滑りやすくなります。

写真 9-5
地吹雪
[2月／栃木県日光市]

山道を走っていたら、急に強風が吹き、道路の上に雪が舞い上がってきて、視界がなくなっていきました。氷点下の気温だと、積もっている雪は風で飛ばされやすく、晴れていても急に地吹雪が起こることがあります。

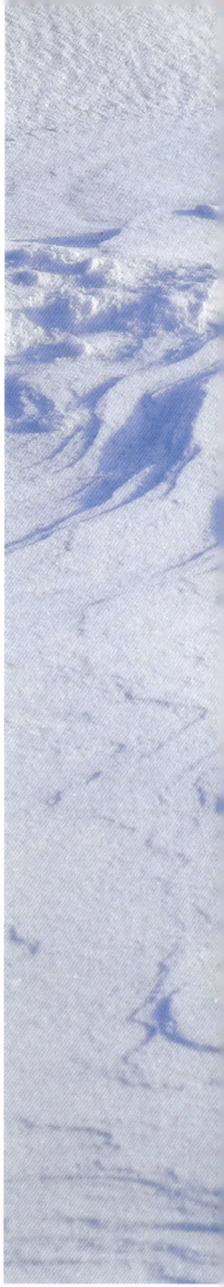

写真 9-6
地吹雪模様
[3月／北海道豊頃町]

斜面を左から右へ強風が吹いた跡です。ひだのような模様の大きさと間隔は、雪面の状態や、そのときの風によって異なります。葉のない樹木は、地吹雪を耐えて生きています。

## 写真 9-7 地吹雪模様 [2月／秋田県北秋田市]

地吹雪が収まると、雪面には不思議な模様が描かれます。この模様から風の流れの様子が推察できます。この写真では、右側から左側へ風が吹いていて、この平たい形状のある模様が描かれました。

**写真 9-8**
**吹きだまり**
[2月／栃木県日光市]

強風で飛ばされた雪は、ある場所で集まり、堆積します。この吹きだまりは高さが1mくらいありました。風上側にはとがったような模様、風が通る場所ではひだのような模様、風下側ではなだらかな曲面になっています。

**写真 9-9**
**石の後ろの吹きだまり**
[3月／北海道豊頃町]

地吹雪のあとは、岩などの物体の後ろ側（風下側）に、雪が盛り上がって残ります。新しいものはやわらかく、歩くと足が沈み込んでしまいます。縞模様は、水の波や空の波状雲に似ています。

80

**写真 9-10**
**削れた吹きだまり**
［2月／栃木県日光市］

吹きだまりが風でえぐれました。層になって積もっていた雪は、横からナイフやスプーンでカットしたようになっています。風がつくる風景は、こうして稜のできる削れ方をします。

第9章 雪道　81

### 写真 9-11
### 消雪パイプ ［1月／新潟県湯沢町］

雪国でよく見る道路の消雪パイプです。比較的暖かな地下水を道路のノズルから出し、アスファルト上の雪を融かしていきます。北海道や山間部では水が凍るためにこの方法は使えず、道路の下に電気ヒーターや温水管を設置しています。

### 写真 9-12
### スノーシェッド ［3月／群馬県みなかみ町］

覆道は雪崩や落石などから道路を守っています。雪国ではスノーシェッドといい、雪崩から道路を守るため、山間部のあちこちに見られます。

### 写真 9-13
### 雪の大谷 ［5月／富山県立山町］

立山室堂平は標高が2450 mあり、ちょうど吹きだまりになっていて、毎年たくさんの積雪があります。4月の道路開通に向けて除雪すると、高さ20 m前後の雪の壁ができます。冬のはじめからの積雪が地層のように残っています。

# 第10章 山の雪

## ｜動いて、残って、さまざまな姿に｜

### 高山の初冠雪と平地の気温の関係

　高い山では気温が低いので、平地より早く雪が降ります。標高が1000m上がると、気温は平均6.5℃下がります。ということは、平地の気温が13℃に下がると、2000mの山では0℃くらいになり、平地では雨が降っていても、山では雪になる可能性があります。

　夏にその年の最高気温を記録したあと、山頂が雪をかぶったことをふもとから初めて確認できたときを、初冠雪といい、各地で秋の訪れのニュースになります（写真10-1）。富士山の初冠雪の平年日は9月30日頃ですが、8月や10月のこともあります。富士山などの高い山に積もった雪が氷になり、その上に新たに積もった雪が強風で飛ばされ、雪煙が舞うことがあります（写真10-2）。

　冬になると山に雪がどんどん積もり、ふもとの方も雪に覆われていきます。雪は、日中、太陽光で白く輝きますが（写真10-3）、朝夕には太陽の色の変化によって、黄色、橙色や紅色に染まります（写真10-4）。また、薄明の時間帯の濃青色や赤紫色の空の色を、淡く反映することもあります（写真だと顕著です）。自ら色を持たない雪は、まるで空の鏡のようです。

　新雪は、太陽光の80〜90%を反射します。山に積もった雪は、日射や強風で、表面に光沢ができ、ところどころ明るく輝きます。そのため、スキー場では冬でも日焼けをし、雪はとてもまぶしく感じます。

### 山の雪が崩れるときに起こること

　雪の造形として面白いものに、木などから落ちた雪が斜面を転がって、だんだん大きくなる「雪まくり」という現象があります（図表10-1、写真10-5）。のり巻きのように一定方向に巻くことが多く、横から見ると渦模様がわかります。斜面の適度な傾斜と、ある程度湿った雪、そして最初に落ちる雪が必要です。この形から、俵雪と呼ぶ地方もあります。

　急な斜面の雪は、その重みで崩れ、雪崩を起こします（写真10-6）。ある1点から崩れることもあれば、割れ目から滑り落ちることもあります。また、表面近くの雪だけが滑る表層雪崩と、地面から上のすべての雪が滑る全層雪崩があります（図表10-2）。表層雪崩は積雪の上にさらに新雪が積もったあと、全層雪崩は春に多く起こります。大きな雪崩は災害になり、その対策が必要です（写真10-7）。

## 春の山肌に現れる雪形

春になって山の雪が融けると、谷間や日の当たりにくい場所に残り、山肌と白い残雪によるさまざまな模様が現れます。それを雪形といい、各地で動物や人など、さまざまな名前がついています（写真 10-8）。昔は、農作業を始める時期を示す目安になっていました。

山の上の方のなかなか融けない雪は、雪渓となって夏山で見かけます（写真 10-9）。夏を越して残る雪渓は万年雪といい、氷の状態となって動けば氷河と呼ばれます。日本でも 2012 年に初めて、富山県に氷河があることが発表されました（写真 10-10）。日本の雪渓を見ると、以前よりも汚れがあるように感じます。地球規模で大気汚染物質が増えてきたためでしょう。

低緯度にある温暖なハワイ島でも、最高峰のマウナ・ケア山は 4205 m の標高があり、冬はスキーができるほどの雪が積もります（写真 10-11）。気圧が低くて空気が薄いのとともに気温がとても低く、山頂付近にある天文台で働く人々も高山病と寒さへの対策が必要です。

図表 10-1
**雪まくりのでき方**
木などから落ちた雪は、斜面を転がりながら雪だるまのように大きくなり、傾斜が弱くなったり、木などにぶつかって止まります。

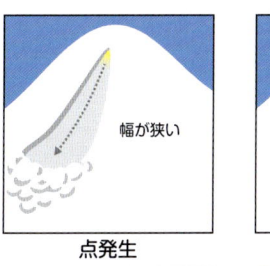
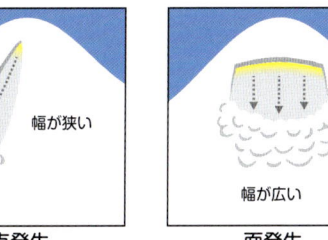

図表 10-2
**雪崩の分類**
雪崩の発生は点と面があり、面の方が最初の量が多いです。また、地面から上の雪全体か、新雪など表面付近だけかという違いもあります。

**写真 10-1**

冠雪 ［11月／北海道足寄町］

11月中旬の北海道は冬の寒さ
となり、阿寒富士はうっすらと
雪をかぶっていました。こうい
う状態を冠雪といい、夏を過ぎ
て初めて山が冠雪することを初
冠雪といいます。

**写真 10-2**

雪煙 ［1月／山梨県上空］

雪が積もった冬のアルプスでは、
強風で雪が舞い上がることがよ
くあります。この写真では、朝
日に当たって黄色く輝いていま
す。冬の富士山でもよく見られ、
冬山はとても危険だということ
がわかります。

**写真10-3**

**光る雪** [3月／群馬県みなかみ町]

谷川岳天神平のスキー場の春の様子です。雪面は、強くなった太陽の光を受けて、ところどころ輝いています。光っているところは比較的大きな氷の粒が集まっていて、水を含んだ雪が固まったざらめ雪の状態です。

**写真10-4**

**山の雪** [1月／山梨県上空]

元旦に、山梨県上空6000mから見た南アルプス（手前）と中央アルプス（奥）で、その向こうには御嶽山も見えています。森林限界から上と、沢すじに白い雪が見えます。

**写真 10-5**
## 雪まくり
［2月／山形県山形市］

蔵王山の中腹の道路わきに不思議な雪の塊がありました。斜面の上から転がり落ちてきた雪が、だんだん大きく巻いてできたもので、ここでは約30cmに成長して、止まっていました。俵雪と呼ぶ地方もあります。

**写真 10-6**
## 雪崩 ［2月／福島県喜多方市］

この山の斜面の雪は、一部が地表から滑るように落下しているとともに、表面でもところどころ滑り落ちているところがあります。雪崩には、地面が滑り面の「全層雪崩」と、積雪内部に滑り面のある「表層雪崩」があります。

第 10 章　山の雪　87

**写真 10-7**

## 雪代 ［5月／山梨県鳴沢村］

富士山は、記録的に積雪の多かった2014年の3月に、大規模な雪崩が発生し、4合目の休憩施設が押しつぶされました。強い雨がきっかけになったようです。富士山では昔から、雪代（ゆきしろ、全層雪崩による土砂崩れ）が恐れられています。

**写真 10-8**

## 雪形 ［5月／富山県魚津市］

山に雪が残るとき、雪や山肌の模様が何かの形に見えるものを雪形といいます。駒ヶ岳は馬、蝶ヶ岳は蝶の羽など、山の名前の由来になっているものあります。この写真は魚津市から見える僧ヶ岳で「僧」、「馬」や「犬」などが見えるといいます。

**写真 10-9**

## 雪渓
[7月／長野県・富山県境]

高い山では夏にも雪が残っていて、雪渓といいます。谷や沢に多いのですが、こうして太陽が当たりにくい斜面に残っていることもあります。日本では9月に山の雪は最も少なくなり、一年中残ると万年雪といいます。

**写真 10-10**

## 日本の氷河 [富山県]

世界で最も温暖な地域に存在する氷河が、富山県の立山連峰の大規模な万年雪の中に見つかりました。雪の下に隠れている氷は、ゆっくりと下へ動いています。（写真提供：立山カルデラ砂防博物館）

**写真 10-11**

## ハワイの雪 [3月／ハワイ島マウナ・ケア山]

ハワイの島にも雪が降ります。ハワイ島で最も標高が高いマウナ・ケア山（4205 m）では、冬には雪が降り、3月になってもこうして残っています。冬の最高気温は5℃前後で、夏でも最低気温が0℃くらいまで下がります。

第 10 章　山の雪　　89

# 第11章 雪害

## │ 雪と関わる生活の大変さ │

### 日本は世界でもまれな豪雪の地

雪は、流れる雨とは違い、融けなければどんどん積もっていきます。気象庁アメダスでは、2013年2月26日に青森県酸ヶ湯で最深積雪566cmを記録しました（写真11-1、図表11-1）。1927年2月14日に滋賀県の伊吹山では1182cmという記録もあります。日本は、世界的にも非常に積雪量が多い場所です。それはシベリア高気圧からの冷たい季節風が、日本海でたっぷりと水分を受け、日本列島の山にぶつかって雪を降らせるからです。

積雪の多い地域は豪雪地帯と呼ばれます（写真11-2〜11-3）。政府によって、201の市町村が特別豪雪地帯、532の市町村が豪雪地帯の指定を受けており、合わせると国土の約半分を占め、そこで約2000万人が生活しています（図表11-2、2013年のデータ）。

雪に関する気象災害には、雪崩害、融雪害、着雪害、落雪害などがあり、異常気象により被害の多い年もあります（写真11-4〜11-5）。比較的短期間に多量の降雪によって起こる災害は大雪害といいます。事故としては、雪崩、除雪中の転落事故などがあります。

### 雪の性質を知る

雪に慣れていない東京などの大都市では、少しの積雪でも、道路や鉄道に影響が出ます（写真11-6）。東京23区では、24時間で5cmの積雪予報で大雪注意報、20cmで大雪警報となります。雪の多い新潟県湯沢町では、12時間に35cmで大雪注意報、60cmで大雪警報となります。沖縄県には雪の基準がありません。このように、注意報や警報の基準は各地で違います。しかし、気温が1℃変わるだけで、雨か雪かが変わることがあるので、積雪の予報や警報・注意報発令の判断は、難しいことがあります。

雪国の建物や道路は、雪に対するさまざまな対策をしています。雪の重みで家がつぶれないように雪下ろしをします。また、湿った雪は樹木などに付着し、その重みで木が倒れたりするので、庭木を守るために雪囲いをします（写真11-7）。道路や鉄道は頻繁に除雪をします。

雪は焼結という現象によって、氷の粒がくっついていく性質があります。屋根などに積もった雪が、その後、水あめのように粘って巻いた形状になったり、稜線などで風下側にせり出した雪庇を見ることがあります（写真11-8〜11-9）。樹木や電柱の上に冠雪ができ

るのも、焼結作用などによります（写真11-10）。積もった雪はだんだんと固くなって、除雪がたいへんになります。雪のこうした性質を知ることも大事です。

## 多すぎても少なすぎても困る雪

大量の雪で困るのは、人間だけでありません。冬眠しない野生動物は、大雪で行動や食料確保が難しくなります（写真11-11）。植物は雪が融けないと、芽が出ません。季節外れの春の大雪など、毎年の気まぐれな雪の降り方にも翻弄されます。咲き誇った桜の花びらの上に、雪が積もる年もあります（写真11-12）。

こうした日本の雪は、冬に山に積もったあと、春に融けて川となり、農業など生活の水として役立っています。積雪の多い年は、ダムにもたくさん水がたまり、夏の渇水に備えることができます。太平洋側の降水量（雨と雪を含む）は夏から秋に多いのですが、日本海側は冬の降水量が多くなります。雪が適度に降ればよいのですが、異常気象によって大雪や少雪のこともあります。また、気候の変化によって、例えば北陸地方の降雪量が減る傾向にあるということも起きています。

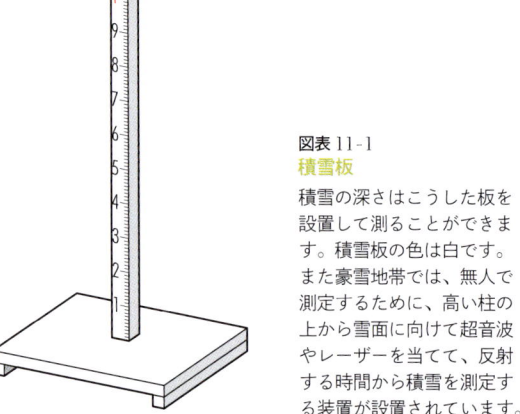

積雪板（雪板）

**図表11-1**
**積雪板**
積雪の深さはこうした板を設置して測ることができます。積雪板の色は白です。また豪雪地帯では、無人で測定するために、高い柱の上から雪面に向けて超音波やレーザーを当てて、反射する時間から積雪を測定する装置が設置されています。

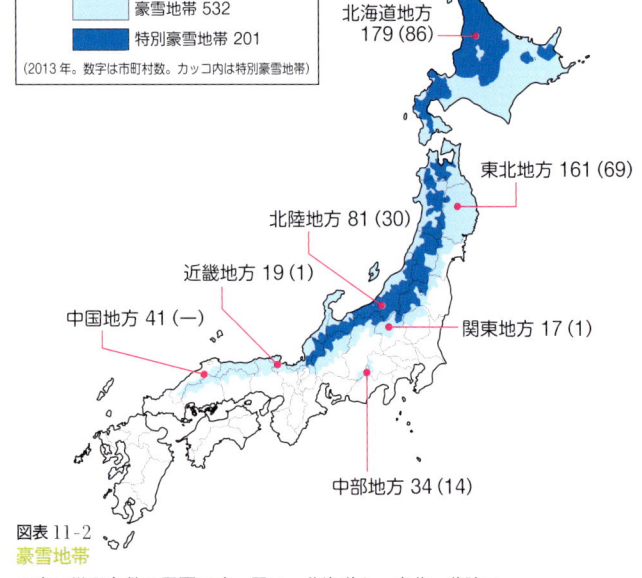

豪雪地帯 532
特別豪雪地帯 201
（2013年。数字は市町村数。カッコ内は特別豪雪地帯）

北海道地方 179（86）

東北地方 161（69）

北陸地方 81（30）

近畿地方 19（1）

中国地方 41（ー）

関東地方 17（1）

中部地方 34（14）

**図表11-2**
**豪雪地帯**
日本は世界有数の雪国です。雪は、北海道と、東北・北陸の日本海側に集中していて、豪雪地帯では、生活や交通などで、さまざまな対策がなされています。

写真 11-2
## 雪国 [2月／岐阜県白川村]

白川郷は、合掌造りの昔ながらの民家が、雪国の景色にマッチし、日本や海外から観光客がたくさん訪れます。家のつくりは頑丈で、屋根の雪はその傾斜で簡単に落ちるようになっています。

写真 11-1
## 記録積雪のアメダス
[3月／青森県青森市]

2013 年 2 月 26 日、この酸ヶ湯のアメダスで最深積雪 566cm を記録しました。その 8 日後の写真です。柱の右側の気温の測器は高さが 1.5m になるように調節され、左側の白いレーザー装置で積雪を測っていますが、もう高さに余裕がありません。

写真 11-3
## 大雪 [2月／岐阜県白川村]

雪国でも、特に積雪が多いときを大雪といいます。日本の冬はときどき大雪に見舞われます。寒気が強いときは、たくさんの雪が降ります。風の吹き方で、山間部で雪が多い山雪型と沿岸の平野部で雪が多い里雪型があります。

写真 11-4
## 落雪 [2月／山梨県富士河口湖町]

屋根の雪が滑って突然落ちることがあります。積雪のある屋根の近くは危険です。重い雪が高いところから一瞬で落ちてくるので、とっさによけるのは困難です。大きなつららの下も同様に危険です。

### 写真11-5
## 山梨県の大雪
[2月／山梨県富士河口湖町]

2014年2月、日本列島の南を低気圧が通り、関東甲信と東北南部などで大雪になりました。積雪は甲府市で114cm、河口湖で143cmとなり、過去にない記録でした。山梨県の道路の除雪はなかなか進みませんでした。そのときの国道の歩道の様子です。

### 写真11-6
## 関東の大雪 [1月／千葉県柏市、市川市]

2013年の成人の日、関東平野では雨が雪に変わり、予想以上に雪が降り続いて、都心の大手町で8cmの積雪となり、交通機関は大きく乱れました。降雪予想の難しさを知ったときでした。線路にたくさん雪が積もり、電車は一部不通になりました。

### 写真11-7
## 雪囲い
[2月／山形県米沢市]

降雪の重さから樹木を守るために、こうして丸太で雪囲いをします。これだけ雪が積もれば、かなりの重さです。雪が降る前にこうした準備が欠かせません。

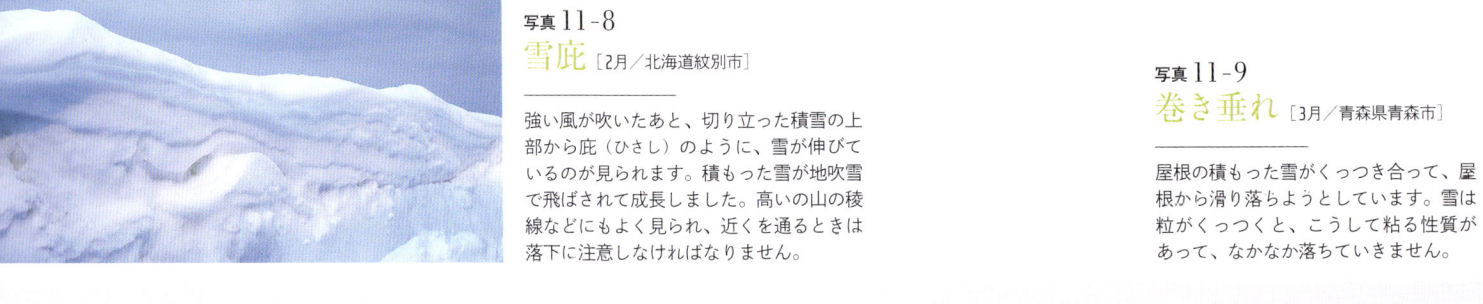

**写真 11-8**
## 雪庇 [2月／北海道紋別市]

強い風が吹いたあと、切り立った積雪の上部から庇（ひさし）のように、雪が伸びているのが見られます。積もった雪が地吹雪で飛ばされて成長しました。高いの山の稜線などにもよく見られ、近くを通るときは落下に注意しなければなりません。

**写真 11-9**
## 巻き垂れ [3月／青森県青森市]

屋根の積もった雪がくっつき合って、屋根から滑り落ちようとしています。雪は粒がくっつくと、こうして粘る性質があって、なかなか落ちていきません。

写真11-10

冠雪 ［1月／新潟県湯沢町］

道路にある街灯にたくさんの雪が丸い形で積もっています。雪の一部は融けてつららができています。湿った雪が降ると、くっついて冠雪ができます。そして、この雪はかなりの重さになります。

写真11-12

春の雪 ［4月／栃木県日光市］

桜の花が咲いているときに雪が積もり、枝が大きく曲がっている様子です。春の雪は、気温が比較的高くて湿っていることが多く、重い雪です。4月に栃木県でこれだけ雪が降るのは珍しいことです。

写真11-11

大雪と動物

［3月／群馬県みなかみ町］

大雪は、人間だけでなく動物にも影響があります。このカモシカも、雪が多いために移動に苦労していました。大雪の年は、食料を探せず、生きていけなくなる動物も多く出ます。

# 第12章 富士山の12カ月

## ｜印象は雪で変わる｜

### 絵画にも記録されてきた富士山

富士山は雪が積もった姿が美しく、昔から絵画など
に描かれ、最近は写真愛好家がその姿を、さまざまな
角度から撮影しています。

例えば、葛飾北斎の「冨嶽三十六景」には、各地か
らの富士山の姿が描かれています。富士山を画面に大
きく描いたものもあれば、生活にとけ込んだ富士山の
姿もあります。

その富士山をよく見ると、雪をまとった真っ白な富
士山や、雪の少ない赤茶色の富士山だけでなく、谷間
に雪が残った富士山、山頂付近にだけ雪のある富士山、
雪形のある富士山や、片側に雪が多い富士山など、富
士山の雪の様子を克明に記録しています。

富士山は静岡県と山梨県の県境にあります。太平洋
側にあるため、冬は乾燥しており、積雪は春に多くな
ります（写真12-1、図表12-1〜12-2）。標高3776mと
日本一高いことから、山頂付近の8月（最も気温が高
い月）の平均気温は6℃程度、1年を平均するとマイ
ナス6.5℃（1993〜2015年）です。「ケッペンの気候
区分」という、気温と降水量からその地域の気候を分
類する方法を当てはめると、富士山頂付近はシベリア
やアラスカの寒冷地と同じく、ツンドラ気候となりま

す。コケや高山植物などがわずかに生育できるだけで、
樹木は生えることができません。また、シベリアやア
ラスカに広がっている永久凍土が、富士山の上部にも
あります。近年はその永久凍土が減少しつつあり、地
球温暖化の影響だともいわれています。

### 富士山の雪はどう積もりはじめるか

富士山は雪が積もった姿が美しく、初冠雪がニュー
スになります。初冠雪と認められるには、その年の最
高気温が出たあとに、山頂付近に積もった雪が、ふも
との気象台から白く確認される必要があります。です
から、初雪＝初冠雪とは限りません。

初冠雪のとき、富士山を覆っていた鉛色の雲がとれ
て、山頂付近が真っ白になって現れると感動します。
こういうとき、平地では雨の場合が多いですが、ある
高さから上は氷点下となっていたため、山頂付近では
雪が積もるのです。だから、富士山に雪が積もりはじ
めるときは、雪の境界が横一線になることがよくあり
ます。

初冠雪の頃は、積もった雪も、日射が当たると融け
てしまうことがよくあります。また、初冠雪からしば
らくして、乾いた雪が積もるようになってくると、強

風が吹いて飛ばされることもしばしばです。

### 富士山の積雪と雪融けの周期

富士山の雪は森林限界（森林が生育できる限界の高さ）から上に積もりやすく、冬には五合目あたりから上が真っ白になります（樹木のある場所は積雪が少ないです）。積雪の多い年は雪崩も起こりやすく、土砂や倒木などとともに雪が流れ落ちる雪代の被害が知られています（第10章　写真10-7参照）。

　夏が近づくと、尾根から雪が融けていき、谷筋に雪が残って、富士山独特の美しい雪模様が見られます。雪融け水は溶岩にしみ込みますが、斜面を流れる川もわずかにできて、雪融けの頃だけに見られる幻の滝もあります。

　そして、7月1日（または上旬）の山開きの頃には、登山道に雪がなくなり（残る年もあります）、9月上旬あたりまでが、登山シーズンとなります（写真12-2）。秋の冷たい空気がやってくると降雪となり、平年の初冠雪の時期は9月30日頃です。また、雪の積もった富士山らしい美しい姿が、しばらく見られるようになります（写真12-3）。

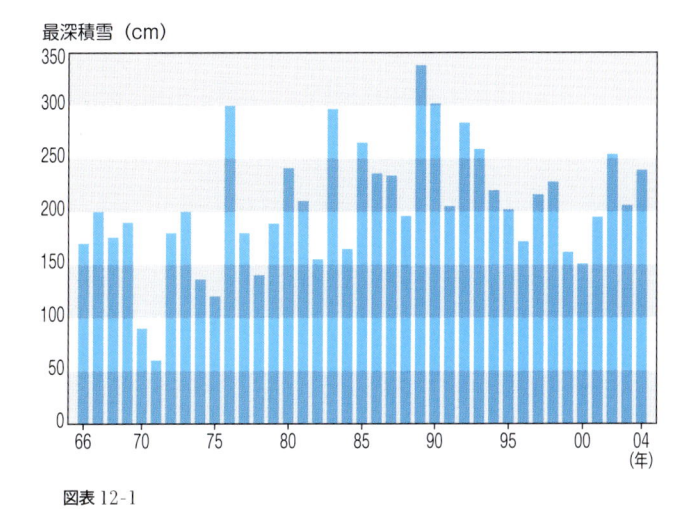

**図表 12-1**
富士山の積雪の年変化
その年の最も深い積雪の量を39年間ぶん並べました（2005年以降は気象庁の観測がありません）。年によるばらつきが大きく、特に減っても増えてもいません。

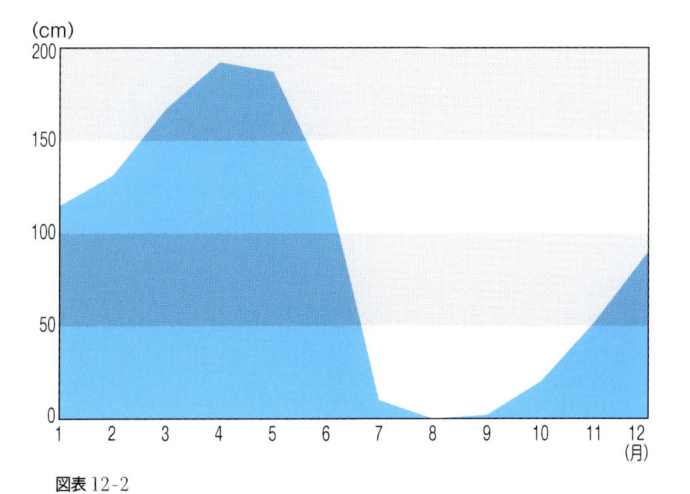

**図表 12-2**
富士山の月ごとの最深積雪の平均
各月の最も深い積雪の量を39年間平均したものです。春の4月から5月に積雪が多く、8月にはなくなり、9月から10月に初冠雪となることが多いです。

写真 12-1
## 空から見た3月の
### 富士山
［3月／富士山上空］

旅客機を利用したとき、空から
見える富士山は、山頂火口まで
よく見えて面白いものです。写
真は最も積雪の面積が多い頃の
富士山です。五合目付近まで
すっぽりと雪に覆われています。

写真 12-2
## 空から見た9月の
### 富士山
［9月／富士山上空］

まったく雪のない登山シーズン
終わりの富士山です。静岡県側
上空からの写真で、2つの大き
な火口がわかります。

| 1月 | 新しい雪が五合目付近まで積もりました。最も寒い時期で、白い雪が眩しく感じます。 |
| 2月 | 雪はどんどん増えています。朝の山中湖に、美しい逆さ富士が見られました。 |
| 3月 | 南岸低気圧がやってくると大量の雪が降ります。ふもとの樹木の少ない場所も真っ白です。 |

| 7月 | 山開きになっても雪が少し残っています。この時期は富士山の雪を間近に見ることができます。 |
| 8月 | 雪はほぼなくなり、富士山は短い登山シーズンのさなかです。黒や茶色の山肌が広がります。 |
| 9月 | 雪のない富士山に朝日や夕日が当たると、こうして赤富士が見られます。 |

| 4月 | 春の陽ざしで気温が上がり、麓の雪が減っていきます。森林のないところに雪があります。 | 5月 | 雪が融けて山肌が見えてきました。黒っぽい玄武岩が日射で暖まり、どんどん雪が減ります。 | 6月 | 谷間に雪が残る「雪形」の芸術的な姿です。中央やや右の「農鳥」の雪形が有名です。 |

| 10月 | 初冠雪で、六〜七合目あたりから上が真っ白な新雪です。富士山が1年で最も大きく変化する時期です。 | 11月 | 晴れた日が続くと、雪がどんどん昇華して減ります。窪地に雪が残る不思議な模様が見られました。 | 12月 | 箱根から見た富士山は、不思議な雪の模様がありました。左側に宝永噴火の火口が見られます。 |

**写真12-3**
## 月ごとの富士山の姿
[1〜12月、山中湖畔など]

毎月の富士山の写真を並べてみました。年による違いはありますが、富士山の雪の積もり方の傾向がわかります。撮影地は、山梨県側と静岡県側があり、五合目から撮影したものもあります。

# 第13章 南極の不思議な雪と氷

## 世界一美しい南極の雪結晶

私は第50次南極観測越冬隊員として、1年あまり、昭和基地に滞在しました。オーストラリアと南極の間は船で往復しました。そのときの海上や、昭和基地周辺の雪や氷を紹介します。

南極の雪や氷を見て、まず驚くことは、汚れていないことです。雪は真っ白で、氷は透明な部分がやや青い色をしています。その雪や氷を融かすと、日本のどこの水よりも不純物を含まず、きれいです。南半球は海が多く、人口が少ないため、青い空が広がった美しい自然環境が残されています。オーストラリアから南側には、ジェット機も飛んでおらず、大気汚染も少ないのです。

空気がきれいだと、水蒸気がつく核となるものが少ないため、雪結晶はできにくくなります。いったんできると、大きく成長するようで、大きな美しいものが目につきました（写真13-1〜13-2）。さまざまな形の雪結晶には感動し、黒い布やスライドガラスに受けては、顕微鏡で撮影を楽しみました。

## 水の三態変化が見せる不思議な姿

積もった雪は融けて水になることは地上ではあまりなく、昇華して水蒸気に戻るか、氷となっていきます。雪は焼結作用によって、お互いにくっつき合い、固い氷に変化していきます（写真13-3）。南極大陸上の氷は、雪などが固まってできたもので、その中に雪が降った頃の空気が閉じ込められています。

海氷の割れ目付近では、霜が結晶の形を見せながら、美しいフロストフラワーへ成長します（写真13-4）。海面からの水蒸気が冷たい空気で冷やされるためです。

南極大陸上の冷たい空気は、斜面下降風（カタバ風）となって大陸斜面を下ります。沿岸の昭和基地ではブリザードになると外に出ることができなくなります（写真13-5）。飛んできた小さな氷の粒は、雪面を削り、風の弱い場所にたまります。それらの氷もくっついて固まっていきます（写真13-6）。

固まってできた氷は氷点下では融けることなく、昇華して水蒸気になります（写真13-7）。また、氷山となって海に浮かび、融けていくものもあります（写真13-8〜13-9）。

こうして、水が三態に変化するようすは、南極の沿岸地帯でよくわかります。

地球上の氷の大部分は南極にあり、まさに南極大陸は雪と氷の宝庫です。

**写真13-1**

### 一番大きな雪結晶

南極に顕微鏡を持っていき、雪結晶を撮影しました。たいていの結晶はこの画面の中に収まるのですが、この樹枝状の巨大な結晶は7mm以上もあり、画面からはみ出てしまいました。丸い小さな粒は、雲の水の粒が凍りついたものです。

**写真13-2**

### 南極独特の雪結晶

南極には、ほかではあまり見られないような雪結晶が降ります。この不規則な雪結晶もそうです。複数の結晶がくっついて、それぞれが大きくなりました。空気がきれいな南極では、結晶の核となる微粒子が少なく、結晶がこうして大きく成長します。

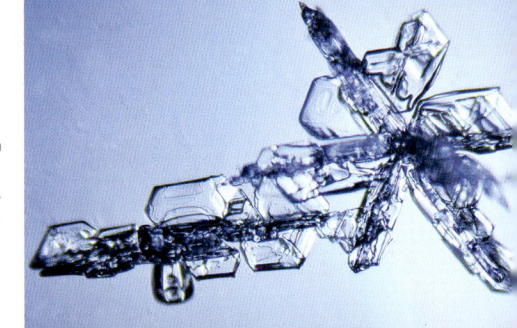

**写真 13-3**
## 濡れ雪が氷になるところ

一部が融けた濡れ雪が、透明な氷に変わっています。氷の中では泡が不思議な模様をつくり、雪が閉じ込められたような白い部分も見られます。

**写真 13-4**
## フロストフラワー

氷の割れ目に、霜が成長したフロストフラワー（霜の花）がたくさんついていました。この氷は海に浮かんでいるもので、割れ目の下には気温よりも暖かい海水があります。そこから水蒸気が上がってきて、この霜ができたようです。

**写真 13-5**
## ブリザード

南極などで起こる激しい地吹雪を、ブリザードといいます。日本の地吹雪と違い、このように上空が晴れていても起こることがよくあります。標高の高い大陸からの激しい風で、小さな氷もたくさん飛んできます。風だけより、破壊力があります。

**写真 13-6**
## 光沢雪面

ブリザードのあとの雪面は、滑りやすくなり転ぶこともあります。写真のように雪が固まって、光沢雪面になるからです。また、飛ばされた小さな氷は吹きだまりに集まり、数日後には固い氷に変化していきます。

**写真 13-7**
## 日射で昇華する氷

南極の氷は、岩石のある場所以外では、融けて流れていくことはほとんどありません。表面から水蒸気が出て（昇華して）、わずかずつ氷が減っていきます。太陽がよく当たる場所では、こうした模様をつくりながら昇華します。

写真13-8
## テーブル型氷山

南極大陸の氷床が海にせり出し、その一部が割れて流れてきた氷山です。そのため上部は、大陸の上にあったときのように平らになっています。側面には横縞模様がありますが、毎年少しずつ積もった雪が氷になった証拠です。

写真13-9
## 斜めになった氷山

氷山は海に浮かんでいるときに、バランスが崩れて転倒し、こうして斜めになったり、逆さになったりもします。これらの氷山は、だんだん融けて海水になっていきます。氷山近くの船の航行は危険です。

写真13-10
## 氷が削った山

南極にある高い山の山頂や尾根は鋭く尖っています。かつてこの山の上を巨大氷河が流れ、山が削られたためです。山のふもとには、このとき削れた岩がごろごろと転がっています。これらの南極大陸の岩は数億年以上の昔にできたものです。

# Column
## さまざまな雪結晶はどこで見られるか

　下の図は、世界で初めて人工雪結晶の実験を行った中谷宇吉郎博士（1900～1962）の著書『雪』にある、雪の結晶の一般分類図です。雪の結晶にはこんなに種類があり、不思議な形があるのかと興味を持ちました。

　私は雪が降るたびに、結晶を探しました。関東平野に降る雪は、図のⅥにある、雲粒付結晶が多く、塊状がほとんどですが、雲粒付結晶や塊状霰もあります。塊状の中にもわずかに結晶が見られることもあります。また、透明な結晶はほとんどなく、ほぼすべてに雲粒がついています。これは、過冷却水滴（氷点下でも凍っていない水滴）の雲の中を結晶が通るときに、水滴が凍りついたもので、関東では下層にそうした雲が多いためです。でも、まれに氷点下の気温で、Ⅰの針状や、Ⅴの粉雪が降ることもあります。Ⅲの星状、羊歯状、扇形なども見ました。

　その他の結晶は、長野県や栃木県の標高の高いスキー場などで見ました。気温が -5℃ くらいを下回ると単独の結晶が多くなり、角板や角柱もルーペでわかり、大きな結晶も混じります。北海道などで -10℃ 程度になると、薄い雲から大きな美しい樹枝状の結晶がたくさん降ってきます。

　南極・昭和基地に一年ほど滞在したときは、図のほとんどの結晶を見ることができました。黒い布に受けた結晶を、撮影のために小筆の先でスライドガラスに載せようとすると、くっつくものもあれば、飛んで逃げるものもありました。結晶が静電気を持っているようです。ダイヤモンドダストの動きにも、静電気と思われるものがありました。

　雪の結晶の大敵は風です。観察もたいへんになりますが、上空で結晶どうしがぶつかって壊れたり、絡み合ってしまうのです。枝の欠けた結晶が降ることもあります。

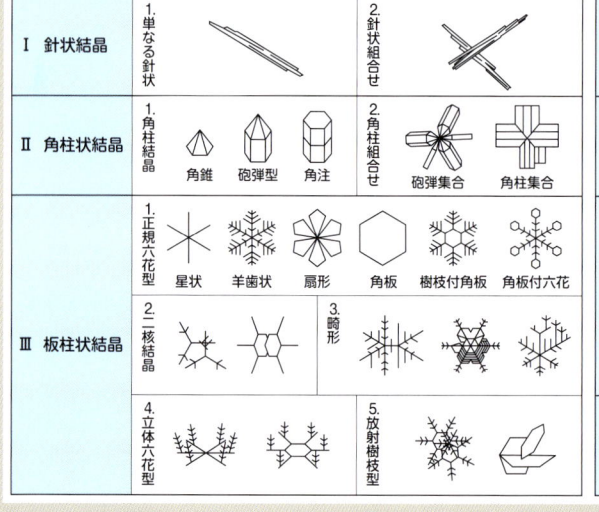

最も新しい分類では、空から降ってくる固体の降水は 121 種に分類されています。この中で雪結晶は 105 種です。

著者略歴─────
## 武田康男 たけだ・やすお

1960年、東京都生まれ。東北大学理学部卒業後、千葉県立高校教諭（理科）。第50次南極地域観測越冬隊員。気象予報士、空の写真家。日本気象学会会員、日本雪氷学会会員。現在、大学の非常勤講師、講演、執筆、写真・映像撮影、テレビ番組制作などをしている。著書に『楽しい気象観察図鑑』『世界一空が美しい大陸 南極の図鑑』（以上、草思社）、『雲の名前、空のふしぎ』『不思議で美しい「空の色彩」図鑑』（以上、PHP研究所）、『武田康男の空の撮り方』（誠文堂新光社）など。

参考文献

『新版氷の科学』（前野紀一著、北海道大学出版会）
『新版雪氷辞典』（日本雪氷学会編、古今書院）
『世界一空が美しい大陸 南極の図鑑』（武田康男著、草思社）
『積雪観測ガイドブック』（日本雪氷学会編、朝倉書店）
『楽しい気象観察図鑑』（武田康男著、草思社）
『南極大陸のふしぎ』（武田康男著、誠文堂新光社）
「Newton」（2009年3月号、ニュートンプレス）
『雪と氷の自然観察』（日本自然保護協会編集・監修、平凡社）
『雪と氷の世界』（若濱五郎著、東海大学出版会）
『雪』（中谷宇吉郎著、岩波書店）
『雪と氷の大研究』（片平孝著、神田健三監修、PHP研究所）
『雪と氷のはなし』（木下誠一編著、技報堂出版）
『雪の結晶図鑑』（菊地勝弘・梶川正弘著、北海道新聞社）
『雪の結晶はなぜ六角形なのか』（小林禎作著、筑摩書房）
『流氷の世界』（青田昌秋著、成山堂書店）

協力

高橋修平（北海道立オホーツク流氷科学センター所長）
亀田貴雄（北見工業大学教授）
福井幸太郎（立山カルデラ砂防博物館主任学芸員）

図版作成

広田正康

## 雪と氷の図鑑
2016©Yasuo Takeda

| 2016年10月19日 | 第1刷発行 |
|---|---|

| | |
|---|---|
| 文・写真 | 武田康男 |
| 装幀者 | Malpu Design（清水良洋） |
| 本文デザイン | Malpu Design（佐野佳子） |
| 発行者 | 藤田博 |
| 発行所 | 株式会社 草思社 |

〒160-0022　東京都新宿区新宿5-3-15
電話　営業 03-4580-7676　編集 03-4580-7680

| 印刷所 | 中央精版印刷株式会社 |
|---|---|
| 製本所 | 大口製本印刷株式会社 |

ISBN978-4-7942-2233-6 Printed in Japan　検印省略

造本には十分注意しておりますが、万一、乱丁、落丁、印刷不良などがございましたら、ご面倒ですが、小社営業部宛にお送りください。送料小社負担にてお取り替えさせていただきます。